團隊凝聚力

留住核心

宋希玉 著

【深度剖析員工流失，暴露企業管理盲點】
創新人才留存策略，提高員工滿意度與績效
為企業領導者提供解決跳槽危機的實用指南

跳槽危機！要與他並肩殺伐，或看他叛逃敵方？

跳槽危機
要與他並肩殺伐，或看他叛逃敵方？

目錄

第六章
人盡其才是空話

第七章
誰來尊重員工

跳槽危機
要與他並肩殺伐，或看他叛逃敵方？

第八章
沒有溝通，哪來和諧的團隊

第九章
怎樣才能留住優秀員工

前言

在你的企業或部門中，是誰在為你贏得豐厚利潤和無上榮譽，是誰在為你創造無限的生機和活力？不錯，就是那些形形色色的優秀員工。

「全球第一 CEO」傑克·威爾許（John Francis）曾經說過：「人是我們公司最大的資產。」而在當今社會，優秀員工的流失儼然已成為企業管理者的頭號危機，而人才「偷獵」活動帶來的連鎖反應更令他們雪上加霜。

比爾·蓋茲曾被問到這樣一個問題：「如果讓您離開辦公大樓，您還可能創辦出如此屢創奇蹟的公司嗎？」他的回答如下：「當然可以。不過，得讓我挑選出一百名員工帶走。」

卡內基也曾經說過這樣一句話：「如果把我的員工帶走，把工廠留下，那麼不久後工廠就會生滿雜草；如果把我的工廠帶走，把我的員工留下，那麼不久後我們就會擁有一間更好的工廠。」

我們正生活在一個知識時代，企業的競爭就是人才的競爭。人力資本構成了企業最重要的競爭優勢，擁有人才就等於擁有未來。大到一個國家，小到一個企業，都離不開人才的支援。

優秀員工是企業生存發展的重要基礎。公司穩健發展離不開優秀員工；公司發展壯大離不開優秀員工；公司克服危機重現輝煌，也離不開優秀員工。可以說，人才是創業之本、發展之源，在一間優秀的

跳槽危機
要與他並肩殺伐，或看他叛逃敵方？

企業裡，人才不僅是指那些超越普通員工的能人、強者，而是企業所有員工。優秀員工是企業提高核心競爭力，是實現永續發展的基石。

當今社會，誰擁有了一流的人才，誰就在競爭中擁有了主動權。經濟的競爭、市場的競爭，歸根到底都是人才的競爭。各種媒體時常報導某某企業以千萬元年薪招聘主管廠長或專業人才、某某企業標出數百萬年薪聘用高科技人才的消息。企業之所以願意花高價聘用人才，是因為企業的管理者明白，如今是市場經濟、知識經濟時代。「知識即財富，人才即利潤」，可以說這就是知識經濟的最典型特徵。

企業作為一個組織，有發展的需求，而發展的動力來自人才。誰擁有人才，誰就擁有競爭優勢，就能在競爭中獲勝。因此，如何在勞動力短缺時留住本公司的優秀員工，將成為每位管理者的首要職責。在人才流動日趨頻繁的今天，許多企業要求管理者達到一定的人才保留率，並為此提供不同的報酬。那些幫助優秀員工在企業內升遷，而不是任由他們流失到競爭對手公司的管理者，還會為此受到嘉獎。

目前，員工跳槽已經成為令管理者頭痛的問題。企業員工的不穩定和頻繁跳槽，已對企業發展產生嚴重的影響。其實，優秀員工跳槽，受害者和損失者不僅僅是員工自己，企業老闆和管理者才是最大的受害者。企業老闆急切需要員工的忠誠度，但前提是企業要先達到員工的滿意度和員工的歸屬感，只有這樣才能防止優秀員工的流失。

優秀員工是企業最寶貴的財富，是企業發展的「血液」。正是由於他們的忠誠和奉獻，才為企業構築了成功的核心，打造了財富大廈。那麼你如何更好發揮他們的作用呢？並使他們在工作中激情四射，直達巔峰狀態呢？與這些性格各異的員工相處，要注意些什麼？在其他企業試圖「挖牆腳」的時候，你又怎麼能讓員工真心留下來？如何才能打造一支由各類精英組成的黃金團隊，並使其和諧、有序運轉呢？

首先作為管理者，要認識自己。所謂認識自己，就是要了解自己是否有這個能力；其次，就是作為管理者，你是不是有很好的監督力。監督力就是你是否能讓你的員工信服，聽你的指揮，你的專業技能能否影響你的員工；再次，就是你對員工的態度。不是你和員工說你不聽我，我就怎樣怎樣，而是和員工近距離接觸，用你的人格魅力贏得真正的權利。

本書就是在人才競爭日益嚴峻的形勢下，探討如何留住人才。針對優秀員工流失的原因，作了詳細而深刻的剖析，找出了問題所在，並提出了許多富有建設性的解決辦法，真正有利於解決人力資源管理中如何留住人才的難題。

本書系統闡述了如何防止企業優秀員工流失的途徑，從多方面詳細介紹了環境留人、待遇留人、工作留人、制度留人、情感留人等方面的知識。深入剖析了企業人力資源管理的各種錯誤，提供了有針對性的解決方案。幫助廣大企業管理者了解留住人才的各種途徑及具體操作技巧，最大限度激發員工的積極性，建設一支穩定、團結、向上的職業化的高效團隊，為企業的快速健康發展提供人才支援與智力保障。

本書實為企業管理者打造卓越團隊、並切實管理好團隊的實戰寶典，一本在手，邊學邊用，成竹在胸！知識改變命運，學習成就未來。無論是人力資源主管還是部門經理，只要實踐本書，就會發現留住優秀員工，其實如禮貌待人一樣簡單，你完全可以引領團隊走向成功！

本書在編寫過程中參考了大量資料，在此向原作者表示感激，由於時間倉促，書中難免有不足之處，歡迎廣大讀者批評指正。

跳槽危機

要與他並肩殺伐，或看他叛逃敵方？

第一章

員工流失，企業之痛

優秀員工是企業得以持續發展的原動力，員工流失勢必會對企業的發展帶來危害。同時，優秀員工流失到同行或競爭對手方面，對企業的危害更是致命性的。面對員工流失的對與錯、是與非，我們不得不問：員工流失究竟誰之錯？

21 世紀什麼最貴

　　賀歲片《天下無賊》中的經典臺詞至今仍讓人們記憶猶新，其中讓人過耳不忘的是黎叔在火車上的諸多名段，特別是他在訓導自己的手下時一臉嚴肅地說道：「21 世紀什麼最貴？人才！」就連一個天天從事著齷齪職業的賊都明白人才的重要性，何況是一個企業的管理者！企業的生存和發展是離不開員工的。人才是企業中最重要的「資產」，企業沒有人才，所有的運營都將癱瘓。可以說，人才是企業創造財富的最大資源。

　　優秀員工是企業生存發展的重要基礎。公司的穩健發展離不開優秀員工；公司發展壯大，離不開優秀員工；公司克服危機重現輝煌，也離不開優秀員工。可以說，人才是創業之本、發展之源，在一個優秀的企業裡，人才不僅是指那些超越普通員工的能人、強者，而是企業所有的員工。優秀員工是企業提高核心競爭力，實現永續發展的基石。

　　我們經常從電視、報紙上等媒體看到某某企業以千萬元年薪招聘主管廠長或專業人才；某某企業標出數百萬元薪聘用高階經營管理人才的消息。企業之所以願意花高價聘用人才，是因為企業的管理者明白，如今是市場經濟、知識經濟的時代，「知識即財富，人才即利潤」，可以說，這就是知識經濟最典型的特徵。

　　在企業，人才的每一步擴張都帶來企業資產的幾何級轉變。「知識就是財富」，「人才就是利潤最高的商品」等觀念也得到了充分的印證。

　　當今企業，誰擁有了一流的人才，誰就在競爭中擁有了主動權。

經濟的競爭、市場的競爭，歸根到底是人才的競爭。

比爾蓋茲說：「我的主要工作就是迅速發掘和雇傭最優秀的人才。」當年為說明 IBM 開發個人電腦作業系統，他購買了西雅圖另一家公司的早期成果，雇傭了該公司最頂尖的工程師蒂姆·派特森，在此基礎上推出了 MS-DOS 作業系統。微軟公司為爭奪人才，手腕可謂用到了極致，他們把人才爭奪戰打到了中小學學生身上，要預定天才兒童不說，還要給正在上學的國中生預付薪資。現在微軟公司有 244 名專職招聘人員，每年要訪問 130 多所大學，閱讀 12 萬份簡歷，進行 7400 多次面試。而這一切僅僅是為了每年招聘 2000 名新員工。

企業擁有了人才才能創造更大的利潤，才能得到更大的發展。然而，在一些管理者和員工的眼中，企業是鐵打的營盤、流水的員工，員工對企業來說只是過客，老闆才是企業真正的主人。但是，在更高的層面，兩者又是和諧統一、相互依存的魚水關係。公司需要忠誠、有能力的員工，才能生存和發展，業務才能進行；而員工必須依賴公司的業務平臺才能發揮自己的聰明才智，實現自己的價值和理想。企業的成功意味著老闆的成功，也意味著員工的成功。只有企業成功了，員工才能成功，企業和員工之間有著「一榮俱榮、一損俱損」的微妙關係。因此，企業和員工之間的關係應該是建立在這種雇傭關係之上而超越雇傭的一種相互依存、相互信任、相互忠誠的合作夥伴關係。

跳槽危機
要與他並肩殺伐，或看他叛逃敵方？

流失的都是精英

　　當今各企業之間的競爭都是人才的競爭，如果哪個企業要想在這場競爭中贏得勝利，唯一的、切實可行的方法就是：緊緊抓住人才這條命脈。

　　對機械一竅不通的福特二世是從老福特手中接過福特公司的全部行政權力的。當時，擺在福特二世面前的是每月虧損近千萬美元、瀕於破產的公司。另外，公司管理非常混亂，任人唯親，管理者鬆懈怠工、不負責任的情況隨處可見。公司高層上百位高級管理者，竟然連一個擁有大學學歷的人都沒有。公司的廠房陳舊、機器破損，沒有人搞技術革新；財務部門像雜貨店一樣，帳本一大堆，連個預決算方案也沒有……福特二世一上任就意識到，要全面地來一次變革，關鍵是要找到一個得力的助手。

　　福特二世想到了時任通用汽車公司副總經理的布里奇，認為他是個恰當的人選。福特二世親自登門拜訪布里奇，懇切地請求他出通用之山而入福特之門，幫助他力挽狂瀾，收拾殘局。但是由於布里奇當時還在兼任通用汽車公司下屬的一個航空公司的總經理，因此沒有答應。福特二世大有愚公移山、不達目的不甘休之勢，採用各種方法來吸引布里奇加盟，最後終於「引得才子歸」，布里奇鬆口了，答應先試試看。接著，福特二世又網羅了一批退休軍官，因為他們都是很好的管理人才。這些人後來都成了美國汽車業甚至是政界的名流，如後來擔任美國國防部長的羅伯特·麥克納馬拉以及世界銀行總裁的查理斯·桑頓。

　　在布里奇到福特公司走馬上任之後，他還把通用汽車公司的高級

14

管理人員羅伯特·克盧梭等人帶進了福特公司。在這些人才的幫助下，福特公司進行了一系列的改革，實行嚴格的科學管理，終於轉虧為盈，一躍而成為當時世界第一大汽車公司。

從上面的案例可以看出，企業管理者不僅要關注產品、市場、技術，更要學會關注人的力量。畢竟產品是人做出來的，市場是人開發出來的，技術是人創造出來的。任何企業首先是生產人才，然後才是生產產品。不要認為諾基亞是生產手機的，豐田是製造汽車的，微軟是開發軟體的，其實這些優秀的企業都是生產人才的！

每個企業的管理者都希望創造神話，但是你們能像海爾一樣創造出適合自己企業的「造人先於造物」的人才理念，並用來指導企業的用人實踐嗎？

我們看到的更多是：很多企業的員工頻頻跳槽，大部分企業的員工跳槽率都超過 15%，有的甚至超過 25%，達到 30%，在這樣高比例的人才流失中，流失的幾乎都是精英。企業管理者非常著急，試圖找到有效的解決方法。因為員工跳槽不僅影響員工隊伍的穩定，給企業造成直接財物損失，同時對企業的前途和命運至關重要。跳槽的員工大部分都是熟練工人、技術人員和管理人才，他們帶走了企業的核心技術和管理經驗，特別是業務部門的業務骨幹的流失，企業還會隨之流失大量客戶。

嘉裕公司在業內是一家口碑很好的公司，張曼玉懷著景仰的心情加入了該公司，擔任銷售代表。張曼玉的主管──東亞地區的銷售主管田景明，在公司工作 8 年了，從一個普通銷售員一點點做到了銷售主管的職位。在共事一段時間後，田景明發現張曼玉業務能力很強，並在幾次有上層主管在場的工作簡報中表現不俗。在後來的日子裡，田景明嫉賢妒能的心理促使其做了許多對張曼玉不公平的事情，二人

跳槽危機

要與他並肩殺伐，或看他叛逃敵方？

間的矛盾也隨之日益加劇。張曼玉簡直不敢相信，在她所景仰的公司裡竟然還有這樣的主管。不久，便跳槽另謀高就了。

像張曼玉這樣優秀的員工，在選擇工作時往往很注重企業的規模、品牌、名譽等宏觀因素，認為加入一家好公司就一定會有好前途。但加入一家好公司，並不能確保遇到一位好上司，他們最終的跳槽往往是源自與上司關係不協調等微觀因素；如果能遇到一個好上司，則他們往往會長期留在這家公司。

嘉裕公司靠良好的品牌吸引了人才，但僅僅擁有良好的品牌和企業管理理念是遠遠不夠的，理念的貫徹執行靠的是人，尤其是管理團隊。因此，直接主管的行為方式在員工眼裡即代表了公司。好的主管可以將公司好的理念轉化到日常的管理中，甚至在公司發展出現一些波折的時候，依然能夠很好地幫助員工正確地看待公司的一時之困，從而幫助企業留住人才；而像田景明這樣不稱職的主管，對人才保留無疑是起了反作用。

其實，員工頻繁跳槽的後果，受害的不僅僅是企業老闆，員工也是損失者。企業老闆急切需要員工的忠誠度，但前提是企業要先達到員工的滿意度和使員工有歸屬感。許許多多的企業在用人機制方面，均採取簡單或消極的方法來處理，如採取最低底薪制，計件薪資制，多勞多得。這種簡單方法處理的結果是：企業在應付，員工更是在應付，企業員工的滿意度和員工的歸屬感就很難形成，在員工一生十幾年的黃金時段裡，產生成就感和快樂感的條件就不具備。

16

企業之痛

　　隨著高度數位化時代的到來，員工跳槽已經成為令企業管理者頭痛的問題。企業員工的不穩定和頻繁跳槽，已給企業發展帶來了嚴重的不良影響。不管你是職業主管、中層管理者還是企業老闆，身邊可能不乏優秀員工，但為什麼還會出現諸如優秀員工頻頻跳槽、員工厭煩參加會議、公司內部衝突時有發生、團隊效率低下、預定目標完不成的情況？的確，令企業老闆更加頭疼的是，企業裡糟糕的現象還在層出不窮。

　　某家電公司的老闆根據去年 12600 萬元的銷售業績，豪情萬丈地提出今年一定要突破這個數字，這位老闆每次開會都會不厭其煩地強調：我們要一起努力，一定要超過去年的銷售額。員工的耳朵都聽到長繭了，很是厭煩，抱怨說：「雖然知道要去努力，但是卻不清楚自己要達到的具體銷售額是多少；每天忙著與客戶聯繫、吃飯、簽單，也不知道自己對公司的貢獻大小，因為經常在外面跑，與其他同事接觸也少，感覺就像掉進了一個巨大的忙碌黑洞，沒有明確的方向，感到很無助，很茫然。」

　　公司有位銷售主管工作十分賣力，整天在外奔波，他要為趕超去年的銷售額而盡職盡責，不斷用「銷售額一定不能比去年低」這一目標提醒他的團隊成員，給他們施加壓力。但是到年底時總銷售額卻比去年少了 20 多萬元，這位銷售主管感到十分困惑。這位銷售主管看似確定了一個比較符合實際的目標，但是這個目標對於他所帶領的銷售團隊來說，顯得十分模糊、空洞，團隊成員根本不知道自己的任務和職責何在，團隊成員之間也不存在協同合作，那麼這個目標的實現與

否也就很不確定了。最後他只能辭職走人。

　　張先生性子很急，對手下員工的要求也很嚴格，一旦誰不完全遵從他的要求，他就會立刻表現出來。有個員工小張，由於經常要外出到工廠做些維護工作，張先生要求小張手機要始終開機，以方便自己在有任務需要分配時能隨時找到他。恰巧有兩次小張忘記了帶手機，張先生沒能及時聯繫到小張，這使他有種挫折感。於是他沒有問小張到底發生了什麼事便火冒三丈地直奔小張，用食指指著他大吼，讓他以後不要再不接電話了。接下來的兩天，小張的手機一直帶著，但是第三天，張先生卻收到了小張的辭職信。他感到莫名其妙，沒覺得自己做錯了什麼。

　　某公司的李老闆，正面臨這樣一個問題：團隊成員小李和小滕因對檢驗報告的遞交程序有分歧而產生衝突。小李建議將檢驗結果交給樣品生產部門的領班，而小滕則要求將報告直接交給操作人員，以便儘快地加以糾正。他們倆都是出色的團隊成員，就此問題，他們針鋒相對地交換意見，雙方都各有各的道理。小李和小滕非常喜歡競爭，經常或明或暗地「鬥法」。但是這樣，經常會使其他團隊成員感到不愉快，一些本來容易解決的問題變得難以決策，不得不開會討論。團隊裡有競爭是好事，但是李老闆由於控制不當，放任自流，所以造成抱怨聲不斷，影響了團隊氛圍和工作效率。後來就出現了這兩名優秀的員工先後辭職的局面。

　　上述情況在一些公司中頻頻發生。也許老闆根本沒有察覺，也許他根本不在乎這些「雞毛蒜皮」的小事，更不願意在這些事上多花些時間。可是為什麼失敗的企業那麼多？是那些職業主管、老闆不夠優秀？事實未必盡然。

　　企業失誤頻繁的原因是什麼？原因之一就是目標不夠明確。目標

不明確將帶來一系列的問題：各成員無法掌握實現目標所需的資訊，
各自責任難以確定，工作計畫也難以制訂，考核標準失去了依據等，
這些問題將一直阻礙著目標的實現，正如威爾許等管理大師告訴我們
的，沒有空泛和沒有指向的目標，任何一個目標都必須是清晰和明確
的。

實踐證明，與員工共用一個明確而具體的目標，使他們都贊同這
個共同的發展目標，並為之努力奮鬥。如果可能的話，管理者可以讓
員工參與現實的、具體的目標的制訂過程，這要比管理者自己制訂一
個模糊的目標好得多，也更能夠鼓勵員工工作，並帶來更高的效率。

當你的企業不是為一個目標而奮鬥，而是由一個個「只考慮自己
的工作」的員工組成，這樣的企業不可能具有高效率，也不可能完成
什麼具有挑戰性的任務，更不用說獲得成功了。無論大的企業還是小
的團隊，都需要其成員協同工作，需要他們一起學習、互相配合、良
好溝通、齊心協力地去解決問題、完成任務。

老闆的任務就是要幫助企業員工做好自己的工作並使他們協同配
合，向著共同的目標和願景進發。企業的目標是要靠大家的共同努力
去完成一項項任務。作為老闆，不要讓你的優秀員工有這樣一種印象：
即你把任務分派下去，但卻不去校準共同的目標，也沒有一個計畫或
者足夠的時間來把他們的工作進行整合，而只是讓他們盲目地去做自
己的事。作為一個老闆，你應該關注的是如何對每個人的努力進行整
合以獲得最大的成功，並產生預期的效果。

可以說：企業中的大多數問題是由於溝通障礙引起的。企業常見
的效率低下的問題，往往是大家彼此間沒有溝通或溝通不暢所引起的。
另外，企業領導力差、執行力不強的問題，歸根結底也都與管理者的
溝通能力的欠缺有關。

跳槽危機
要與他並肩殺伐，或看他叛逃敵方？

　　例如，管理者在管理的問題上，經常因老闆的標準過於苛刻、嚴厲而抱怨，對於員工的期望則過高，大有恨鐵不成鋼之感。當企業需要協作時，部門之間互相推諉，矛盾重重。在績效管理上，企業常常會出現年初設定的目標年底達不到的情況等。這時候老闆就要反思了，為什麼員工達不到目標的情況會經常出現？經過大量的調查，原因竟然是員工對老闆的要求或期望事先並不清楚，這樣的結果當然無法使老闆滿意，也導致員工對年度績效評估結果不能接受，從而產生怨氣。無論是老闆表達上有問題，還是下屬傾聽領會上有問題，總之都是溝通造成的問題。

　　在一家企業中，如果每一個優秀員工都「身在曹營心在漢」，逮著機會就跳槽，會對企業造成資源、聲譽等多方面的損失。這就是企業發展中難以避免的痛。

跳槽，不容忽視的現象

　　大學生因找不到工作，去當了總機；博士生因工作難找，去當了小七員工。據有關部門統計，大學畢業生待業人數連年增長大學教育多是理論性的知識傳播，真正的實用技術或技巧少之又少，於是空有一紙文憑，既無技能又無經驗的大學生在就業應聘過程中往往被企業拒之門外。大學生就業難已經成為不容忽視的事實，大學年年招生招不滿，大學門檻不斷降低，大學文憑含金量也隨之下降，造成了大量大學生畢業即失業的狀態。

　　而有些在職員工根本無視這嚴峻的就業形勢，不管是剛剛走入社會的大學生還是已經工作一定時間的優秀員工，常常會對眼下的狀態感到不滿意，萌生跳槽的念頭，或者直接付諸行動，另覓東家。

　　豐田汽車北美公司 LEXUS 品牌總主管吉姆·法雷辭職後擔任了福特汽車公司全球市場行銷及公關負責人。之後不久，豐田汽車北美公司 LEXUS 市場行銷副總裁黛博拉·梅耶也加盟克萊斯勒，任該公司副總裁兼行銷總監。豐田汽車北美公司總裁吉姆·普萊斯也接著辭職到克萊斯勒控股有限公司擔當聯席總裁兼董事會副主席。吉姆·法雷、吉姆·普萊斯、黛博拉·梅耶在過去 10 年中，為豐田制定出具有較強連貫性的行銷及品牌策略，並使豐田產品的高品質及可靠性家喻戶曉。離開豐田的吉姆·法雷說：「對於在豐田工作 20 年之久的我來說，選擇離開是艱難的決定。但是考慮到作為專業人士未來的發展而言，我還是下決心離職。」他在最近一次得到升職後相當迷茫。本以為自己能夠擔任豐田北美公司總裁，然而這一職位卻花落別家。豐田及 LEXUS 品牌經銷商、豐田全國經銷商委員會前任主席克里斯古羅稱：「法雷

跳槽危機
要與他並肩殺伐，或看他叛逃敵方？

的離職讓我大吃一驚。沒有人願意看到如此出類拔萃的人離開自己的團隊。」他認為，吉姆·法雷和投奔克萊斯勒的普萊斯在把美國經銷商的意圖傳達給豐田高層管理者方面功效卓著。

吉姆·法雷等人的離去可能意味著豐田方面將遭受重大損失。高層人員流失的主要原因是經營理念、發展方向有分歧，意見不統一而導致分道揚鑣。道不同，不相與謀。越到高層越看重合作融洽和雙方價值取向的一致。但當企業發展到了一定層次後，尤其是高速發展需要跨臺階的時候，團隊成員對未來的發展就會產生嚴重的分歧，守成的人願意就此罷手，而奮進的人還想更上一層樓。彼此分歧達到一定程度，就會導致團隊的分裂。

某船務企業的總經理劉先生，最近被員工跳槽之事鬧得住院治療。這些天，只要誰跟他提起員工辭職或跳槽的事兒，他就會煩躁不安：「你瞧這些人還是創業初期的資深員工，是同患難的，怎麼現在也跳槽？還有些是新招聘來的碩士、大學生，剛做沒幾年，翅膀硬了，就要飛了，你說煩不煩？」對劉先生而言，公司走一兩個人應該是沒什麼了不起的，可問題是這些「飛」走或正要「飛」走的都是些核心員工，他們或身居要職，或掌握著業務網路與客戶關係，一旦他們離開，企業的正常運營就會受影響。因此，劉先生對這些申請離開的員工態度就有一個：「研究研究，現在不批，以後再說！」讓他沒想到的是，「拖」的辦法卻將問題「拖」得更嚴重了：有的員工乾脆自動離職，一走了之；有的員工經常找他吵鬧，要求辦手續。接下來就是公司管理一團糟：有的客戶不知不覺流失了，有的業務往來帳目沒人接手，有的合約到期沒人理會，更有甚者，一些在職員工也蠢蠢欲動……眼看著好端端的企業就要被員工辭職、跳槽攪得一團糟，劉先生不知該如何應對這些辭職者。

　　員工流失的負面影響，不但體現在財務成本方面，還有以下負面影響，企業的管理者不得不正視它。

　　優秀員工之所以會辭職，最多的原因是對薪資不滿意。在企業裡，某一位員工辭職，常常會透露新公司的薪資水準給原來的同事，有了薪資對比，必然會造成相對的不平衡，說不定哪天就會有員工提出加薪資的要求。

　　優秀員工辭職之後，再回來挖公司的牆角。對很多企業來說，招聘業務員的時候會希望他能帶來一些客戶。新業務員剛進新公司，必然會去挖原來公司的牆角，這很可能就會把公司的重要客戶給挖走了。還有的就是利用剛跳槽的員工去挖原來同事，這些都是比較典型的挖牆角的例子，這往往給公司帶來極大的傷害。

　　優秀員工往往會洩漏公司商業機密。做過企業管理者的人都知道，掌握著商業機密的員工往往能得到極高的薪酬。比較普遍的就是技術人才，掌握著企業核心技術的人才附加值很高，也是競爭對手日夜覬覦的重要物件。如果能夠爭取到這樣的人才，對對手將是一個沉重的打擊，同時，對自己的技術研發將有很大的幫助。對於一個高科技企業來說，技術人才無疑是公司的生命，如果商業機密洩漏了，將會帶來不可估計的損失。

　　如果一個企業想要可持續發展，人才接班非常重要，如果人才跟不上業務的發展，到了一定的時候，必然會出現人才瓶頸。這時候，有再好的機會，再多的物質資源，也會是長歎「蜀中無大將，廖化作先鋒」。這個道理很容易理解，一些大企業之所以能夠保持高速發展，與其建立的職業化培養體系有莫大的關係。

　　優秀員工的流失無疑會影響企業聲譽。如果一個企業的員工流失情況很嚴重，無疑在內部和外部傳遞這麼一個資訊——「這企業不怎

麼樣」，甚至更負面的資訊──「這企業可能不行了」。企業的聲譽能夠影響到企業的長遠發展，如果沒有企業信譽，那對企業來說可能是一個無法挽救的局面。

　　員工流失在很多企業都沒有很好地被重視，這在快速發展的企業更是明顯，也許很多企業認為，這跟企業的其他成本比起來只是杯水車薪，但是如果能以一個全面的角度來看的話，並不像企業管理者們想像得那麼簡單。

優秀員工跳槽，誰之錯

　　陳志峰在一家大型集團公司工作，剛開始做的是倉庫管理員，負責搬卸貨物，清點庫房。因為工作枯燥，不到半個月，他就堅持不下去了，想要離開。主管看他比較機靈，於是執意挽留他，並對他說了這樣一番話：「職場就好比是高樓，大家按照工作能力由低到高的順序，分別站在不同的樓層裡。而職場裡的人分為人力、人手、人才、人物。所謂人力，只需要你在工作中肯賣力氣就足夠了；而人手則需要你熟練掌握工作，能應付突發事件；人才則需要你頭腦靈活，能夠在工作中提出創造性的方案；而人物就需要八面玲瓏，用自己特有的方式為公司做出比較大的貢獻。」

　　看陳志峰聽得很認真，主管又說道：「年輕人，你在職場第幾層？每個公司就是一座大廈，你如果只是不停地在各個大廈之間穿梭，而不是努力提高自己的本領，那你永遠都只能在最下面的一層。」這番話對陳志峰來說猶如當頭棒喝。從那以後，陳志峰就像變了個人似的，開始努力工作。

　　每天卸完貨，他不再像以前那樣有時間就在屋裡看手機小說，而是在庫房仔細清點產品，把各種產品的型號、數量、出貨量、入貨量都牢牢記在心裡。這樣一來，由於對庫房的產品非常熟悉，取貨時間大大縮短。來庫房取貨的工人們都對陳志峰的辦事效率讚不絕口。很快，他的表現就傳到了老闆耳朵裡，不久，老闆就將陳志峰調到辦公室裡，專門負責公司產品的保管和運輸。這樣一來，陳志峰就從最初的「人力」變為了「人手」。

　　目前，在企業裡像陳志峰這樣能安下心工作的員工少之又少，讓

跳槽危機
要與他並肩殺伐，或看他叛逃敵方？

企業老闆們最痛苦和麻煩的事情，便是企業的優秀人才頻繁跳槽的問題：從一線業務精英到總部技術核心，從行政人事主管到財務審計專員，從「封疆大吏」到「總管諸侯」……似乎都在導演著一場跳槽和轉行的風暴。而且，這股風暴似乎越演越烈。正如一位著名的企業老闆所說：「為什麼我們企業的優秀人才總想跳槽？為什麼該走的不走，不該走的都走了？」優秀員工流失嚴重讓許多企業的管理者都十分頭疼，一些企業的管理者怨天尤人，罵挖人的企業不道德，怨跳槽的員工沒情誼，說公司人力資源管理者是窩囊廢，感歎社會風氣每況愈下，人才流動亂而無序，等等。殊不知，很多優秀員工跳槽的原因是來自於老闆或管理者的否定。

某公司新進一位擁有五年經驗的工程師，沒幾天，主管讓他做一個企劃，企劃做出來後，主管覺得有很多不足的地方，於是給他提了些修改建議。剛開始的時候，這位工程師還聽得很認真，但指出了三、四條之後，他產生了反抗的情緒，甚至和主管爭辯起來：「我覺得自己的思路沒有錯，我以前在成功公司的時候就做過類似的方案，公司營業額整整翻了兩倍。」他越說越激動，最後說了一句：「我想，我們的理念太不相同，我看我還是到別的公司去試試吧。」

面對管理者的否定，員工一般會有如下三種差勁的表現：首先是別人否定我，我也否定自己，覺得自己很笨，什麼都做不好，對未來沒有一點信心；其次是表面上接受，內心卻一百個不認同：他懂什麼，那些觀念早就落伍了，我還是趕緊換個地方，找一個欣賞我的企業；三是像前面所說的那位擁有五年經驗的工程師一樣，當面辯駁，非要爭出個你輸我贏，你對我錯。

畢業後，張百峰到了台北，因為是應屆畢業生加上沒有工作經驗，他一次次被用人單位拒之門外。一次，他到一家室內設計公司面試，

又一次遭到了拒絕。最後在他再三的懇求下，老闆最終答應讓他留下來，但前提是必須熟悉專業設計軟體，因為公司都是無紙化辦公。張百峰連忙稱自己在學校就會用設計軟體。但沒過幾天，老闆發現他對電腦應用只會個皮毛，於是就請他走人。換做一般人可能早就走了，可是張百峰卻再次懇求老闆讓他留下來，只要讓他學設計軟體，他可以每天負責打掃公司。

老闆最終答應了，但提出他必須打掃廁所，包括刷馬桶。張百峰毫不猶豫地答應了。他每天都把近七百坪的辦公室打掃得一塵不染，把廁所、馬桶刷得乾乾淨淨。等到一天的工作都做完後，他再簡單吃幾口飯，然後在一邊看別人如何操作軟體。晚上等其他員工下班走了，他還在邊看電腦設計書籍，邊上機練習操作。熟悉軟體之後，他覺得自己缺乏建築常識，所以就想到總工程師那裡「學藝」。總工程師開始對他不理不睬，但他一點也不介意，時不時看準時機給對方端上一杯熱茶。細心的他發現總工程師喜歡喝酒，於是又用自己不多的薪資買各種酒給總工程師，還順帶一些下酒小菜。他的真誠最終打動了總工程師，於是不惜傾囊相授。

這一切都被老闆看在眼裡，之後他開始有意提拔張百峰，讓他做設計師。得到提拔的張百峰更是幹勁十足，在設計中總是能別出心裁，最終他的作品得到很多客戶的認可，也為公司創造了不少收入。讓老闆想不到的是，張百峰當上了設計總監之時也是他宣佈辭職之時。

原來，張百峰的職位是提上來了，但他的薪資待遇卻比同級員工低得多。他問過老闆幾次，但老闆不是用話搪塞他，就推說沒時間。後來乾脆說出了不幫他漲薪水的理由：他是公司精心培養的。張百峰一氣之下辭職不幹了。

優秀員工常常跳槽而去，平庸的員工只會賴著不走。人才是一條

跳槽危機
要與他並肩殺伐，或看他叛逃敵方？

慾望的河流，對著利益最大的方向流動。當優秀員工進入企業，一方面老闆會給他一個相應的薪酬，並保持與企業內其他員工的平衡；另一方面，他將與老闆成為一對永遠不可調和的矛盾，隨著員工能力和慾望的膨脹，他會不斷地、而且是不知不覺地向老闆施加要求加薪的壓力。優秀員工的慾望是不可能完全滿足的，但如果企業分配失衡，有失公允，老闆的日子也是不好過的。

老闆們的懊惱和歎息

　　藝廣設計公司設計副總監林國慶遞交了辭呈，人力資源總監林天心希望跟他做一次離職面談，了解他離開公司的真實原因，以防更多人才流失。但林國慶除了聲稱自己抵抗不住中百公司開出的優厚條件外，對於公司內部到底出現了什麼狀況隻字不提。林天心知道林國慶是在敷衍她，感到萬分沮喪。更讓她氣惱的是，挖走林國慶的中百公司是藝廣設計公司的競爭對手。在過去的一年裡，這家公司頻頻出手，把藝廣設計不少才華橫溢的員工都挖走了。

　　第二天，林天心向公司老闆盧中輝報告與林國慶的離職面談情況。當林天心說林國慶沒有說出多少「秘密」時，盧中輝有些不解，他自認為公司對員工並不差，為何他們還會棄公司而去呢？林天心安慰盧中輝說，說不定員工紛紛跳槽只是巧合，並不說明任何問題，可是盧中輝依然憂心忡忡。最後，林天心建議將今年的員工調查提前。

　　就在林天心和盧中輝在辦公室一籌莫展的時候，三位員工正在樓下的公司餐廳裡就林國慶離職一事竊竊私語。陳志明明說自從上次公司競標失敗，林國慶的心就已經不在這裡了，因為他傾注心血的設計如今付之東流；周慧麗也替林國慶抱不平，抱怨公司建築銷售總監張行健在投標發言時，沒有充分展示林國慶充滿創意的設計；工程部另一位同事張朵啦也這麼認為，她說正是由於銷售等部門的能力不足，才埋沒了設計人員的創意，導致他們紛紛離開，周慧麗又補充說，對林國慶來說，一時半會兒根本沒有晉升的機會，那些主管們離退休還早著呢，加上公司的組織結構本來就頭重腳輕，他在這兒還怎麼發展呢？

跳槽危機
要與他並肩殺伐，或看他叛逃敵方？

　　幾個星期後，專案副總監李想向盧中輝報告了有關張朵啦的傳言，說她可能步林國慶的後塵，跳槽去中百公司。張朵啦和林國慶本來就彼此認可，林國慶如果在中百給張朵啦謀個職位也不是沒有可能。李想告訴盧中輝，自己不能損失張朵啦這名幹將，因為她現在是一個大項目的頂樑柱。盧中輝對李想和林天心兩個人都很氣惱，認為他們沒有及早洞察員工流失的原因，也沒有及時採取行動避免嚴重後果。最後，盧中輝決定親自找張朵啦談話。

　　盧中輝與張朵啦的談話並沒有達到預期的目的。張朵啦否認了傳言，但她承認林國慶的離開令她很失落，因為這些年來林國慶在工作中一直扮演著她導師的角色。很顯然，張朵啦並沒有完全開誠佈公，但她到底隱瞞了多少，盧中輝也無從得知。最後盧中輝做了一個令人很意外的決定：給張朵啦升職。

　　其實，盧中輝早就料到自己的這個決定會讓林天心感到不舒服，但他沒想到林天心的反應會那麼激烈。林天心認為盧中輝破格提拔張朵啦是不公平的，因為即使有空缺，也應該給大家公平競爭的機會，不能讓那些對公司忠心耿耿的人失去晉升的資格。然而，盧中輝卻認為這是他在非常時期採取的非常策略，同時也讓大家知道，公司會不拘一格提拔人才。

　　張朵啦事件幾個星期後的一天，林天心再次叩響了盧中輝辦公室的門。她是來向盧中輝報告員工滿意度調查結果的。林天心把那份密密麻麻繪滿圖表的報告遞給盧中輝，說員工對在藝廣設計的工作總體還是相當滿意的。不過，她也指出，深入研究下去，有些地方也需特別關注。有幾位員工匿名反映專案經理這一級有太多冗員；還有一位員工提到「有些頭頭」心思只放在拿大獎，根本不把預算當回事。有人覺得獎金不錯。有人覺得獎金太少。有人抱怨獎金制度向年輕員工

傾斜，而年輕員工卻抱怨沒有受到足夠的重視。

　　當核心員工不顧管理者的挽留，翩然離去；潛力員工不顧管理者的期待，悄然遠去；甚至重點培養的員工，也不顧管理者的重托，撒手而去時，留給老闆們無盡的懊惱和歎息。那麼，究竟是什麼原因迫使優秀員工扔下老闆撒手而去呢？

　　這其中有內外兩個原因：外因一是求職高峰期誘使員工離職。每年農曆年過後，即是員工離職、求職的高峰期。於是很多企業都集中在此時大量補充人員，因此，人員需求量較大，求職者在此時也更容易找到合適的工作。大量的求職機會將會誘使員工勇敢選擇跳槽。外因二是企業互挖牆腳、唆使員工離職。很多企業為了在新的一年中有更好的發展，在春節前即開始著手挖同行或其他企業的牆腳，而員工一般在春節前不會離職，因為還有年終分紅要拿，「不拿白不拿，拿了不白拿」，春節後，年終獎金在手，一旦有更好的企業向員工們拋出橄欖枝，他們就會肆無忌憚選擇跳槽。外因三是經不住誘惑迫使員工離職。一開始，員工也許沒有離職的念頭，但是，當看到別的員工跳槽成功，拿到較高的薪水、有更好的發展，或者員工身邊親近的人不斷在其耳邊鼓噪、施加壓力時，便會不自覺地兩相比較，如果覺得自己比跳槽成功的員工更有能力、更有機會獲得更好的發展時，員工們則會不由自主地選擇跳槽。

　　影響優秀員工辭職的內在因素是多種多樣的，也是日積月累起來的，很難一下子概括出來，篩選出的重點歸納為以下幾條：

　　一是企業文化影響。企業是否有好的企業文化，是否有好的文化氛圍，在一定程度上反映出該企業的影響力。沒有影響力的企業很難有號召力，而沒有號召力的企業，自然也不會有強的凝聚力。世界名企諸如通用、微軟等，每一家企業都有其獨特的企業文化。而國內眾

多優秀企業也同樣如此，比如台積電文化、台塑文化，它們都成為了求職者趨之若鶩的品牌文化。

二是管理者的領導風格。管理者的領導風格對員工的工作情緒及工作積極性有較大的影響，如果是少數員工感到不適應企業主管的管理風格，員工們還會進行自我調整，但如果是多數員工不適應，他們就不僅不會進行自我調整，還會認為這不是自己的問題，是主管的問題。時間久了，就會對主管心生反感，也就不會全身心地投入到工作中去，找不到工作的成就感，則工作的樂趣就無從談起。沒有了樂趣的工作，無異是一種慢性自殺。

三是企業發展前景。一個不太笨的員工一般會對企業的發展前景十分關注，更何況是優秀的員工。只有企業發展了，員工才會有發展。企業前景暗淡，員工看不到前進的方向，就會對企業失去信心，而對企業沒有信心的員工，選擇離職是遲早的事。

四是企業薪酬水準。眾多的求職者在談到擇業標準時基本上都會談到工作得開心、大的發展空間、好的薪酬待遇這幾個方面。不管你承認與否，薪酬水準已經成為影響求職者擇業的重要因素之一。每到年底，企業要總結，員工也要總結；企業要盤點收穫，員工也要盤點收穫。馬斯洛的需求層次論也將生存需求排在了首位。所以，企業只有具備了有競爭力的薪酬水準，才可能有效地留住員工。

實際上，影響員工流動的因素是多種多樣的，外因相對次要，也能很好地得以解決，而真正影響員工流動的關鍵因素還是內因，只有解決好了內因，才能有效防止和解決員工流動問題。

優秀員工離職的關鍵因素

　　如果你是企業的管理者，或者是人力資源部門的工作人員，你就很可能經歷過優秀員工跳槽的困擾：某天，那個對工作兢兢業業、勤勤懇懇的得力助手，突然跳槽到最大的競爭對手那裡，而你在這之前竟然一無所知。本以為永遠不會拋棄你的人，在你最需要他的時候，輕鬆奔赴新的天地……

　　雲網公司是一家網路企業，老闆邱右廷正為業務部經理洪一峰辭職一事煩惱不已。該公司業務部經理是一位剛升職一年的新幹部。去年此時，正是洪一峰走馬上任的時候，洪一峰在成為業務部經理之前，是公司連兩年業務水準中上游的銷售代表之一，由於他為人謙遜、思維靈敏、善於分析，很快就在該分區逐漸形成了一套十分有特色的 IT 產品銷售網路，因此深得總經理器重。同年，總經理力排眾議，破格將洪一峰提升為業務部經理。

　　洪一峰上任伊始，由於其原業績並非十分突出，引起了公司上下許多業務人員非議。洪一峰並沒有畏縮不前，而是根據自己的想法，把握市場時間、狀況，重新制定了吻合市場需求的策略，並會同人力資源部，在薪資和獎金制度上與銷售業績直接掛鉤，獎勵模式更為靈活，從而逐漸得到上級和下屬的認同，在一年內將原有的銷售業績猛增了近 80%。年末，洪一峰與其下屬均受到了公司表揚，洪一峰的下屬都得到了價值不菲的紅包，而洪一峰本人卻僅僅得到了一個並不大的紅包。洪一峰心裡十分不是滋味，在業界來講，如取得洪一峰這般的成績，其各方面待遇均應達到目前的兩倍，且可以享有十五天的帶薪假。於是，洪一峰隨即以「付出與所得不相當」為由向老闆提出異

跳槽危機
要與他並肩殺伐，或看他叛逃敵方？

議，而老闆則以「做為部門經理，提高本部門業績是份內之事」作為解釋理由，最終不歡而散。一星期後，洪一峰辭職跳槽至競爭對手的公司任業務部經理，其薪資也隨之漲了兩倍。

郭守正執掌新創力公司帥印時，新創力公司還是一家虧損小廠。五年後，新創力公司產值超過 10 億元，新創力公司產品的市場占有率高達 80%。可以說，新創力公司是郭守正一手做大的。郭守正一直渴望做一個真正的企業家，但在新創力公司繼續工作下去，這個夢想似乎難以實現，因為他雖然使公司的資本越滾越大，但並不真正擁有所有權和支配權。郭守正於是向新創力公司的母公司宏江集團，提出改造新創力公司股份制的請求，但被擱置。隔年，他再次提出股份制改造，還是遭到拒絕。郭守正坦言：「我等不及了。」這位「掛名空頭總經理」提出辭職。消息傳出，宏江集團高層頗為震驚，新創力公司的人才也一陣恐慌，因為他們失去了主幹。但宏江集團還是為他舉辦了歡送酒會。但是郭守正一走，新創力公司的管理者助理、外銷部長、內銷部長、財會部長、生產部長、後勤部長、供應部長、工程部長等先後辭職，到郭守正創辦的日勝生公司工作，先後達到幾百人。

日勝生公司逐漸壯大，僅僅在幾年時間內，就成為一個知名品牌，而前年還如日中天的新創力公司，已經不再為人所熟知了。

自立壓縮機廠廠長吳益冷，被董事會約談，通知他由於企業整頓需求，將他調離自立壓縮機廠。吳益冷表示自己難以接受，因為他在自立壓縮機廠工作了近三十年，有很深的感情，希望能留下來從事技術工作，但遭到主管拒絕。這位倔強的老人毅然辭職，然後投奔了當時剛剛起步的小型企業——華陵冷氣廠，擔任總工程師。緊接著，在一次又一次的壓縮機展售會上，人們幾乎都能看到吳益冷與自立壓縮機廠在爭奪客戶。華陵冷氣廠步步勝利，而自立壓縮機廠則節節敗退，

客戶大量流失，工廠效益每況愈下。幾年後，華陵冷氣廠已經發展成為一個年銷售收入 10 多億元的中型企業，吳益冷也天天搭著賓士上下班。他名義上仍然擔任冷氣機廠的總工程師，實際上管理全廠的銷售工作。

由上面這些例子可以看出，企業流失一名得力幹將，其損失有多大。試想，某一產品的核心開發人員跳槽了，整條產品生產線有可能不得不停下，公司也可能會因他跳槽到競爭對手那裡而失去該產品的市場。那麼，企業裡的優秀員工為何頻頻辭職呢？以下三個因素是影響、甚至決定優秀員工離職的關鍵因素：

首先，是「工作不能滿足我的要求」。大多數理智的離職者，也是去意已決的離職者，他們並非是受了不公平的待遇，或者受到外面世界的吸引，而是工作或者公司無法滿足他們的要求。比如空姐、IT工程師、平面設計師等職業，被認為是賣肝工作，過了一定年齡，工作與個人發展之間就有了矛盾，這種不協調造成離職率較高；另外，某些職業是否受尊重，在社會中是否是低層，也是一些基層產業無法留住人才的原因；而拋開對公司、主管的處事風格及福利待遇的不滿，公司在產業鏈上游還是下游，抑或公司在業內的地位等等，也對優秀員工的離職有極大的影響，對於目標遠大、能力強的他們，願景和目標更有說服力，而非高薪和舒適的工作環境。

其次，是「這裡對待我不夠公平」。公平對於大多數優秀員工來說都是一把利器，對自身有很大期望和自信的人，受到不公正待遇的時候，比一般員工反應更大。薪水規則、受主管重視程度、工作節奏快慢，都是員工心頭的天秤，一旦感覺在公司中受到了不公平待遇，有能力又有脾氣的員工很可能就拍拍屁股走人。不過，透過離職「想給公司臉色看」的人，常常是不成熟員工的幼稚做法，最後的結果往

往是「賠了夫人又折兵」，下一個公司可能也會因為你的這種不成熟
的表現給你打了折扣。

最後，是「外面的世界更精彩」。優秀員工總是不乏條件優秀的
「婆家」，離職對於他們通常不是一個太難的決定，相反，外面的世
界常常讓他們有出去看一看的想法，尤其是當個人遭遇發展瓶頸的時
候，總希望有從頭再來的機會。而外部企業往往以高職位、高薪水、
以及更大的發展空間為誘餌，吸引更多的優秀員工參與其中。不過，
很多公司針對這種狀況也展開了「反圍剿」，對於優秀員工的挽留也
不遺餘力，提供更高的職位和薪資也不難，因為經此一役，企業已經
明瞭員工自身的價值，也願意留住人才，至少不要讓人才為對手所用。

第二章

都是亂用職權惹的禍

　　對企業而言，跳槽的員工往往是在企業表現良好、業績突出的優秀員工。造成這種局面的原因之一就是濫用職權：有些企業的管理者會利用手中的權力，無章可循地為自己搞特權！於是，出現了「只許州官放火，不許百姓點燈」的情況，員工違反了制度，立即處罰；管理者違反了制度，就當沒事一樣。

權力是一柄雙刃劍

古人有句話：「堯為匹夫，不能治三人；紂為帝王，足以亂天下。」意思是說，即使像堯這樣賢明的人，假如他是個普通老百姓，手裡沒有權力，也不能管轄別人，幹不了什麼太大的好事；但是像紂王這樣品行不端的人，一旦當了帝王，手中有了無限的權力，就可以把天下搞得大亂。古人這句話，從某種程度上揭示了權力的兩重性：沒有權力，好人也很難做出好事；有了權力，壞人也可以做出很多壞事。

權力是一柄雙刃劍，當你把權力當成一種手段時，你就會逐漸超然、凌駕於對權力的慾望之上，它幫助你渡向幸福的彼岸；當你把權力當成一種目的時，你就會慢慢屈辱、臣服於權力的淫威之下，它在牽引你墮入罪惡的深淵。當用它來為員工謀福利時，它體現為善，會得到員工的擁護；當用它謀私利、為惡時，就會失去員工的信任，最終眾叛親離、權位不保。權力體現在企業管理中就是「官」，為「官」者為人師表，「官」不是要用權來管制員工，而是要用細心來關照員工。

某公司副董事長、總經理既沒經董事會同意，也沒向董事會報告，盲目發展合作公司，在境外組建 10 多家公司。在合作公司故意違約欠款的情況下仍繼續投資，屢投屢虧，屢虧屢投，他從中收受賄賂，最後給公司造成 1.18 億元的重大財產損失。法院終審判處其有期徒刑10 年，並處沒收個人全部財產。

某公司原董事、副總經理在兼任針棉紡織品進出口公司經理為了謀取個人私利，未經公司同意，擅自為某公司貸款 3500 萬元提供擔保，從中收受賄賂 71.7 萬元，導致企業承擔了 3500 萬元的債務，使

企業資產遭到重大損失，法院以受賄罪判處其無期徒刑。這是未經公司決策投資和擔保而給企業帶來重大損失方面的問題。

此外還有利用主管職權，在工程分包、勞務分包、設備採購、材料供應等經營活動中，與親友、子女開設的經營機構進行不正常的關聯交易；利用業務處置權，在經營活動中謀取私利，造成國有資產流失的問題。如：某機電設備安裝工程有限公司原董事長、總經理違反本企業分包工程規定，由其「一支筆」審批，將 43 個工程項目分包給不符公司規定的其親屬的私人公司，並在工程結算上給予照顧，共結算工程款 5400 萬元，謀取私利，受到開除的處分。

某公司董事、副總經理利用企業財務管理上的一些漏洞，利用職權強迫會計人員將公司業務款 210 萬元挪用，作為個人承包經營某公司承包金和風險抵押金。法院判處其有期徒刑 10 年。

領導者只有把權力端正了，才能保證不濫用權力，才能使權力真正做到為員工所用。所以，企業主管要樹立正確的權力觀。

作為企業的管理者必須具備相應的領導能力。領導能力包括統籌規劃能力、決策能力、指揮能力、協調能力等。在各種領導能力中，把握大局的能力和團結合作的能力這兩點是十分關鍵的。把握大局，就是要善於抓住企業發展的大事，為企業發展做好規劃，引領企業向著正確的方向發展，不能拘泥於細枝末節，也就是要有一個好的思路。企業主管應該思維敏銳、思想開放、思路開闊，能夠在複雜的市場經濟中做到與時俱進，實事求是，能夠順應市場經濟的發展要求，符合社會的發展規律，找到符合企業發展的辦法。有了好的思路，才能在企業的經營生產中做出正確的決策，才能用對權力，服務好員工。團結合作，就是能夠團結員工，凝聚人心，形成一個堅強的集體。這樣才能集中精力辦大事，才能實現企業的發展目標。所以企業主管者應

跳槽危機

要與他並肩殺伐，或看他叛逃敵方？

該合理運用權力，促使企業內部形成和諧統一的氛圍。

別拿雞毛當令箭

　　某企業的總經理視員工為他的「俎上魚肉」。他不關注企業的盈虧，所以任人唯親是他的習慣做法。他完全不顧企業的今後發展、用人標準和成本，硬是放著一些技術精湛、年紀又輕、又有技術的員工不用，卻偏要用一些年紀大、根本不懂技術的人到關鍵職位，其主要原因是從這些人那裡得到了一些好處……當有員工提出異議時，就以「工作需要，你不服去到上面告去」為答覆。其行為之惡劣，態度之蠻橫無理可稱為至極。企業內部中的人員職位調動可以說是已無什麼規範可言，完全是憑藉他的個人好惡、興趣來操作……結果，優秀的員工陸續離開了這個企業，而這個企業也走向了沒落。

　　作為一個企業的主管，非職務影響力的大小對於領導地位的作用和保障是至關重要的，甚至可以把非職務影響力看做是職務影響力的基礎。一個主管假定不能以德服人，那就只能以權壓人，那麼這個企業就很難形成團結一致、運行有效的團隊。使用權力最多的人恰恰是那些權力不大、企業也不大的管理者，正所謂「拿著雞毛當令箭」。而往往那些真正握有大權，把企業發展成很大規模，成就了一番事業的主管，倒反而平易近人，反而民主，沒有半點盛氣凌人之勢。企業主管廉潔從業，勤奮工作，為企業的發展作出了積極的貢獻。但是，也有部分重點管理人員「拿著雞毛當令箭」濫用職權，以權謀私。

　　企業管理者濫用權力的種種表現如下：

　　一是以權逼人，官氣十足。有的管理者信奉權力至上、唯權獨大的思想，顛倒了主僕關係，把自己當做救世主、太上皇，把普通員工視為草民、刁民，他們高高在上，脫離員工，專橫跋扈，動輒訓人，

跳槽危機
要與他並肩殺伐，或看他叛逃敵方？

不可一世，以命令壓制員工。命令是讓員工執行的措施，而個別管理者卻以權壓人。「這是業務命令，你就照我說的做，不然，我就把你開除。」像這種不顧員工立場，強制的命令方式，只會徒增員工的反抗心理，只能達到相反的效果。一個真正優秀的管理者，決不會依靠權力來行事，更何況員工本身也知道要敬重上司，管理者又何必處處表現自己極端的權力呢？當員工不按己意行事時，有些管理者往往不願花時間與員工商談一下，而是馬上搬出權力，想藉以操縱員工。即使管理者不是用很強硬的態度，但此種行為已明白地表示，管理者不相信員工的能力。有的管理者權傾一方，大搞一言堂、封建家長制，個人決定重大問題，壓制民主，聽不進員工半點意見；有的管理者把職權當特權，玩弄權勢，欺上瞞下，好擺門面，好說空話，辦事拖拉，不講效率，門難進，臉難看，事難辦；有的管理者權慾薰心，要向他請示的人愈多愈好，要找他辦事的人愈多愈好，否則心理就失衡，似乎大權旁落，威風掃地。

　　二是以權謀私，權錢交易。有的管理者抱著「官大一級壓死人」、「有權不用，過期作廢」的心理，把公權看作私權，以公權謀取私利，在思想上漠視員工。每位員工都有其思想、自尊，否則他就沒有個性。管理者利用好員工的個性，使他在工作上做出成績才是管理者的高明之處。管理者千萬不要盛氣凌人，目空一切，應該尊重員工的意見，合理地發佈命令。即使多麼不可靠、多麼無能的員工，一旦把工作交付給他，就不可輕視他的能力。對其努力的行動，管理者應儘量給予幫助，要耐心地指導他們，給予他們意見和忠告。在平時，員工通常有他自己的行事計畫。當管理者突然下達指示時，他不得不將原來的計畫加以調整，刪去一部分或追加一些。假如這只是偶然發生的現象，倒也無所謂；若是經常發生，員工難免會心存不滿。當然，管理者濫

用權力的體現還有很多，諸如以權謀私，以自己的好惡標準去制約員工的個性，故意排擠員工，這都會有損於管理者權力的嚴肅性和主管的威望。真正的管理者的權力體現是民主集中，以人為本，那種把員工當做機器或者奴隸的做法，只能使管理者自己陷入管理的敗局。

三是爭權奪利，瀆職失責。有的管理者以為「有權就有一切」，把權力當做自己為所欲為的工具，為了保官位，謀名利，或弄虛作假，騙取榮譽；或搞小圈子，搞窩裡反、越權指揮。如果想做到管理得有條不紊就要有層次。現代管理有著明顯的層級分別，一個公司中有決策層、管理層、執行層。各層級都有與之相對應的職責權力：決策層負責企業的經營戰略、規劃和生產任務的佈置；管理層負責計畫管理和組織生產；執行層負責具體的執行操作。如果企業管理者不能正確對待這一管理中存在的客觀事實，便會在管理中不可避免地發生這樣或那樣的問題。

權力是管理者表現自己管理手段的體現，但無數事實證明，過分保持和誇大這種權力就會存在私人慾望，就會產生濫用權力的現象，濫用權力是對權力價值的破壞。任何權力都有一定的限制和範圍，如果硬要突破這種限制和範圍就會形成權力擴張，把優秀的員工強行趕出了企業，最終會危及企業及員工的利益。

朝令為何頻頻夕改

　　某公司僅經過短短的 9 年成長，就發展成一家規模近 200 人，年銷售額近 3 億美金的大公司，但公司管理上卻非常混沌，一切都要看老闆娘的心情！今天制定出這樣的管理制度，可明天卻予以否認，或說忘記了！當員工沒有按照制度執行時，她卻突然間想了起來，質問員工為什麼不這樣做為什麼不那樣做。作為公司中層管理者，在開展各項工作時不得不時刻察言觀色，也因此失去很多客戶，公司的客戶資源也因此以每年失去一個大客戶的速度在延續。員工的績效考核，按照之前定的考核標準進行日常工作，到了正式考核時間，標準一下子改了，對員工完全不利。就這樣，公司的考核先後改了五六次之多！工作中遇到突發事件時，請示公司高管，不是石沉大海，就是拖上幾天，客戶跑了，責任又怪在員工的身上！員工天天跟著她請示，閒煩的同時誇其工作認真。問題得不到解決，又有何用！

　　某公司員工魏某在介紹公司的時候直呼公司名稱，沒有稱呼「我們公司」，給公司造成不良影響，扣 500 元；機械工程師黃某某表達事情不明確，扣 1000 元；李某某在工作時打瞌睡，扣 50 元。在公司的罰款單上，經常出現員工違反「打瞌睡」、「簡單化」等規定。

　　在該公司工作的 5 名員工忍受不了公司的這種規定集體離職，公司向他們遞交訴狀，要員工承擔違約賠償責任，員工不得已，反訴公司，索要罰款和扣押的薪資。

　　據被訴的員工介紹，公司規定朝令夕改，7 月份的「公司規定」就有三個版本。按照從前的規定，員工生病時，診所開具證明，書面將手頭工作交代給同事後就可以帶薪休假，但當員工真的去請假的時

候，老闆馬上更改規定，表示這種情況可以休假，但不能拿薪資。另外，在「公司規定」後設立了「名詞解釋」。這項規定表述太籠統，員工稍不小心就被說成是違反了該規定。正規的規定應該簡潔明瞭，至少應該讓員工明白，每個人簽字同意或者工會通過後才能執行。

張先生在一家公司謀到助理一職，理應相當滿意。但是他卻不以為然地說，我不會待長久的。理由是，很怕見到老闆，不知道怎麼工作是對的。他說，老闆總是不停地改變著他的想法和命令，讓人無從下手工作。老闆最常說的話是「上次那件事不行」「你把那個通知追回來」「我不準備按以前說的做了」等等，結果，張先生果然很快離職了。

以上介紹的種種情況是我們經常會遇到的，令員工苦不堪言，但朝令夕改的企業老闆又何止一個、兩個？那麼，朝令夕改究竟會給企業帶來何種危害呢？

老闆的言行對於員工的行為有著直接的影響。老闆的朝令夕改讓員工摸不著頭緒，無法工作，手忙腳亂，整天忙的都是收拾殘局。在這樣的公司工作是不會快樂的，也是沒有希望的，這樣企業的向心力和凝聚力逐漸喪失，員工就會覺得茫然，對企業失去信心，工作沒有幹勁，沒有成就感。當員工覺得沒有前途時，就會考慮跳槽。

作為企業管理者，就是要讓員工的優勢和潛能得到充分的釋放，而不是抑制。當一個人被局限起來，失去應有的空間，其能力和潛力是無法得到發揮的。要想提高一個人的積極性很難，然而要打消一個人的積極性卻很簡單，有時簡單到只需一個眼神、一句話。老闆聽不進反對意見，不能容納人才，在企業內習慣「一言堂」，人治大於法治，感情管理重於科學管理。結果，企業上下整天都在看老闆的臉色行事，都在揣摩研究老闆的心思，與老闆之間不斷地在進行博弈，無法配合

工作，最終導致人才流失。

員工跳槽不僅僅是為了錢，他們更需要有良好的工作環境、企業文化、領導者的素質，軟環境寬鬆與否對員工的去留起決定作用，朝令夕改的企業必定導致優秀員工跳槽。失去人才，企業就失去了生存的根基，就必定不會長遠。

所以，作為企業的老闆，千萬不要讓員工無所適從，要知道你的一個指令將會傳導到基層，各級員工都會為你的指令而忙，忙了半天沒有效果，是無為的勞動，甚至是錯誤的、負面的勞作，管理者自身又不勇於承擔責任，試想其結局會是如何的糟糕？如果這樣的次數多了，員工也就疲乏了，管理者的智慧也就沒有效用了。然而大家又不能違抗老闆的命令，怎麼辦？員工就會「上有政策，下有對策」了，大家都在忙，其實是各自忙各自的，裝著忙的樣子給上級主管看，一級騙一級。

還有一種朝令夕改的情況是企業老闆做決策前不慎重，或決策力不夠，或耳根子軟，做了決策發佈指令後又感覺原來的決策不好，想修改決策，於是出現決策指令正在實施過程中，隨意、隨時、隨便、隨機修改，導致企業的隨意文化。

作為一個企業之主，老闆為什麼朝令夕改呢？

首先是管理者出臺的管理制度不嚴謹。如企業存在責權不分、互相扯皮、管理流程混亂、檔滿天飛、表單重複煩瑣等問題，企業沒有先在理順管理體制上下功夫，而是今天聽到一種新的管理方法，馬上就在企業中開始推行，明天聽到另一種管理方法，又馬上開始推行，整個企業朝令夕改，企業成了四不像，進也不是退也不是。

其次是沒有理清組織目標。企業的決策過程有問題，並非依據一定的程式，例如搜集資料、分析討論，而是依照個人的喜好與直覺做

判斷，不能準確地了解一個組織、部門存在的精神與中短期目標。或許因為承受過多壓力，老闆多少會出現政策搖擺不定的狀況，但是如果已經到了朝令夕改的程度，那就是一件非常危險的事。

最後是互信與管理政策的欠缺。平時老闆未能善意經營，導致組織內缺乏互信，待決策必須彈性應變時，才要求員工配合、支持，當然太遲了，自然會被視為朝令夕改。

另外，不能排除老闆的性格原因，有些老闆遇事反復難決。這類老闆往往對一件事情遲遲不能做出決斷，就算做出了決斷，也會一而再、再而三地反復思索權衡。優柔寡斷的害處不只體現在決策中。決策之後，仍然優柔寡斷，導致反復地決策，反復地對員工下達命令。有些老闆做事不慎重，經常改變主意。朝令夕改型的老闆，也未必全是優柔寡斷，也有一種類型就恰恰與之相反。這樣類型的老闆做事格外乾脆俐落，往往只需幾秒鐘的時間就能做出一個重大的決定——只不過再過幾分鐘，他就後悔了。還有些老闆說話不算話，不可信賴。這種老闆朝令夕改，基本上只是因為一種習慣。他們的思維裡沒有說話算話這個概念，千金一諾的作風和他們扯不上半點關係。他們說話隨隨便便，說的時候不用心，說了之後又全然不放在心上，根本不算數。他們下命令全憑自己的情緒，高興的時候給員工下了一個命令，等到心情不好時他就會忘記自己說過的話，屬聲責問員工為什麼要這樣做，一番訓斥之後又讓員工去做和上一個命令完全相反的事情。這樣的老闆說話不當真，讓人無法信賴。

作為企業的老闆必須摒棄「規則是制定給員工的，我是超脫於規則之外」的觀點，一定要在認真地考慮問題後，再做出自己的決定，只有這樣才會給企業帶來生機，員工工作才會有幹勁。老闆也唯有這樣，才能讓朝令不再頻頻夕改，才能少出現優秀員工跳槽的現象。

誰是唯我獨尊的「土皇帝」

路易十四說：「朕即天下。」也許成為皇帝是一些人本能的慾望。很多公司，特別是私營企業，的確是這樣的，老闆的話不僅不能不聽，甚至被當做企業的「聖旨」和教條。「普天之下，莫非王土，率土之濱莫非王臣。」在這種環境下，老闆經常認為，員工的所得是出自於他的賞賜，從而漠視員工的勞動價值。甚至老闆個人的喜好和厭惡，會趕走了一個個優秀的員工。

某總部在高雄的公司在台北開設了分公司，台北分公司的總經理從高雄調，產品從高雄拿，規矩按高雄執行，業務進展統統向高雄報告。但沒多久，問題來了：高雄的成功在台北行不通了。董事長不明白：「為什麼高雄能行，台北不行？我是董事長，所以不行也得行！」這麼一來，苦了台北的同仁。眼看著業務一天比一天差，客戶一天比一天少，工作都沒了方向。沒辦法，誰讓董事長「不知三軍之事而同三軍之政呢！」不過問題還不止如此，董事長要求薪酬體系一按高雄總部執行，但因台北和高雄的生活成本有所不同，所以台北分公司的人員招募工作進展的並不順利，於是，台北分公司缺人了，董事長親自調；要換人，董事長自己選。有人問了，董事長這麼敬業，要台北的總經理幹嘛？所以，到後來，最無辜的還是總經理。有名無實，人被架空了，沒人買單，員工開始慌了。

員工們絕對相信董事長意圖是好的，絕對沒有故意讓人難堪，但他是好心辦壞事，犯了唯我獨尊的大忌。在這些企業裡，股東會、董事會只是一種擺設，還是老闆一個人說了算，唯我獨尊、獨斷專行。到處犯大忌，企業的結果就不用說了，偶然多了，就是某種必然了。

　　在唯我獨尊的老闆手下工作的人，看老闆的臉色行事是極其正常的一種現象。老闆的個人作風，從根本上決定了一個企業有沒有民主決策的氛圍。老闆至高無上，老闆認可，不行也為王；老闆否定，行亦為寇。從管理權威上講，老闆擁有全部絕對權威，其他幸運的佼佼者可能擁有專業權威或道德權威，但只能部分或者完全沒有管理決策權威，一切決策均須以老闆最後決策為準。員工在老闆面前永遠是弱者。

　　員工見了老闆像老鼠見了貓，恨不得躲著、繞著。用他們自己的話說：「在老闆面前，話都說不結巴，腿都發抖。」要他們對老闆說點不同意見，就像讓他拔老虎的鬍子，打死他也不幹。他們的口頭禪是：「老闆說腳下是金礦，咱就閉著眼睛挖，老闆說這條河淹不死人，我們就跳，甚麼也別想。」極端的崇拜，形成了極端的「一言堂」。比如，一家房地產公司的一個建設項目，峻工日期老闆一語敲定，並對客戶做出承諾，屬下竟然無一人置疑，結果工期嚴重不足，最終比計畫延期三個多月，客戶告到法院，企業賠償了違約金，企業形象受到嚴重損害。類似的情況在企業中並不罕見。

　　企業的員工不敢說話，當然有他們的苦衷，「懦弱之人，懷忠直而不敢言；疏遠之人，恐不信而不敢言；懷祿之人，慮不便身而不敢言。」所以相互禁語，看老闆臉色，俯仰度日。「令臣鉗口結舌而不敢言，此耳目所以蔽塞，聰明所以不得也。」然而「平居無極言敢諫之臣，則臨難無敵愾致死之士。」當老闆需要為自己的獨斷付出代價時，員工亦不會有絲毫的愧疚之情，倒楣的還是老闆自己。

　　在一些企業，老闆就是唯我獨尊、驕橫的土皇帝，「只許州官放火，不許百姓點燈」的特權，讓績效考核成為一張白紙。

　　有這樣一家大型鋼鐵企業，HR 經理說：「在績效考核方面我們

就聽皇上的。」這個皇上是誰？他很痛快地說：「就是我們的董事長」。
為什麼在已經推翻封建社會一個世紀以後，「皇帝」的幽靈又死灰復
燃了呢？

聽完以下的真情告白，你就會清楚地認識這位 「皇上」。在這家
企業，HR 經理就是主管面前的傀儡。雖然說在企業機構設置中，也
設立人力資源部。但是這一切只是給別人看的，HR 經理其實就是一
個幌子。老闆就是「掛著羊頭給人看，背地裡卻賣著狗肉」。當人力
資源部門把績效考核方案辛苦做好以後，經過老闆簡單地批示同意以
後，資料就成為「歷史文物」了。等到月末年終，當真面對考核時，
給誰多、給誰少，沒有嚴格的標準。獎勵和處罰都是很簡單的，只要
老闆一句話，HR 經理哪裡敢說個不字，除非他真的不想再幹下去了。
因此，「皇親」和「國舅」在企業很吃香，企業員工就只有賣命的份！

為什麼有的企業總是委靡不振？其中的原因，正是這種「土皇帝」
的封建思想在作祟。作為企業老闆，一定要克服唯我獨尊的權力誤區。
企業老闆應該清楚，你的員工是你財富的直接創造者，你給他們的只
是一個創富的平臺，而絕非金錢上的施捨。

權力之爭害了誰

　　在職場上打拼，不得不承認，無論是以前還是現在，說不定什麼時候自己就成了派系鬥爭中的犧牲品。或許無意中成為一派衝鋒陷陣的先頭部隊，或許無意中成為另一派的受害者。總之，在充滿刀光劍影、明戰暗鬥的公司權力爭奪鬥爭中，雖然能夠保持中立，卻不能時時明哲保身。

　　某科技公司技術主力林志成被公司的派系鬥爭折磨得身心俱疲，他不得不放棄了心愛的工作，沒想到在新公司又陷入了辦公室複雜的人際關係泥潭……以前，林志成在一家規模不大的公司工作，做事肯吃苦、專業知識夠強，他很快成了公司的技術主力。公司老總和副總都先後送他出去進修，不久，就有員工對他說：「杜總和副總不合，站哪邊，你看著辦吧……」林志成還真不知道該怎麼處理，就決定做好自己的本職工作，任何一方都不摻和。但兩個主管對林志成的表現似乎很不滿意。對林志成的工作，兩個老總總是換個角度、換套說法挑毛病。林志成不明白，自己認真地做事，究竟錯在哪兒？一位部門經理對林志成說：「你現在是公司的技術主力，你幫誰，誰的位子就有可能坐得穩。如果你兩邊都不幫，就可能兩邊都得罪，你的日子會更難過。」

　　林志成終於想通了：受夾心氣的日子太難受了，還是得找個靠山，通俗地說，就是得有人「罩」著。他想，當初是杜總一眼相中他的，有知遇之恩，今後就跟著杜總吧！在工作中，他對杜總的吩咐言聽計從，對副總的交代敷衍對待，有時副總在大會上點名批評林志成，杜總就會挺身而出為他說話，林志成體會到「有人罩著」的好處。一天，

跳槽危機
要與他並肩殺伐，或看他叛逃敵方？

林志成突然聽說杜總辭職了。原來，兩個老總的爭鬥已嚴重影響了企業的發展，董事會經過綜合考慮，決定把副總「扶正」。杜總則對林志成說，他要去另一家公司擔任常務副總經理，希望林志成跟他一起走。幾番考慮之後，林志成跟著杜總跳槽了。

在新公司裡，杜總對林志成格外照顧，他也迅速適應了新公司的節奏，並再次成為技術主力。但沒過多久，林志成發現，新公司的派系鬥爭仍然是暗流洶湧、凶險異常。上周，杜總跟另一個副總經理周公鑫因業務問題發生了激烈的爭執。當晚，周公鑫約林志成去喝酒，由於未看到吵架一幕，林志成爽快應約。沒想到次日中午，就有同事把他叫到一邊說，周公鑫上午就當著公司主管的面找杜總攤牌說：「你最得力的『鐵杆』都向我靠攏，你有何能耐？」林志成認為，多疑的杜總一定不會輕饒他，就決定當面說清楚。但推門進去，杜總笑容可掬地請他坐下：「公司準備派你去外地工作，請你珍惜這次鍛煉的機會。」林志成明白，自己被下放了，沒想到自己費盡心思，仍逃不過辦公室政治的旋渦。

一個很有前途的技術主力，卻成為公司派系鬥爭的犧牲品。

其實，在任何企業中都會存在派系鬥爭，隨著企業的發展壯大，內部幫派的存在就成了一個較為普遍的現象。因為企業是以人和利益為基礎的，只要有人和利益，就一定會存在幫派。但是當這種派系鬥爭形成一種「利益集團」，而且將派系利益置於企業利益之上時，對企業就會構成「致命」的傷害。這時，企業中各派系代表就會以是否符合「派系」利益為出發點影響企業的正常決策和決策執行。由於文化的原因，派系鬥爭在企業中尤為突出。因「派系鬥爭」而造成企業失敗的比率遠遠大於其他任何戰略或管理因素。

陳玉峰在一家很有影響力的大公司任業務經理，手下有一大批業

務人員。其中業務員李清吉的銷售業績最為出色，大有取代陳玉峰之勢。因為李清吉的業績太突出了，一個人的銷售額就幾乎占了總銷售額的三分之一。陳玉峰為此憂心忡忡，苦思無計。

有一天，李清吉的父親突然得了急病。急著回家探望父親，向陳玉峰請假。陳玉峰很爽快地答應了，表現得比李清吉還著急，並親自打電話幫李清吉訂了當日的機票，囑咐李清吉回來別忘了報銷。李清吉大為感動。陳玉峰又要求李清吉將工作手機留下，把最近正在聯繫的新客戶的資料也留下，讓其他同事幫助他，跟蹤聯繫，叫李清吉利用探親假好好陪陪家人。李清吉心裡有些不願意，他擔心自己不在公司期間，其他同事搶他的客戶。於是，他同意把工作手機留下，至於客戶方面，他表示雖然休假，但不會影響工作，他會繼續與客戶保持聯繫。陳玉峰一邊擺弄李清吉的工作手機，一邊將他表揚一番，批准了他的休假申請。

陳玉峰確定李清吉上了飛機，就走進了總經理的辦公室，說李清吉要跳槽，連招呼也不打就走了。總經理不信，於是打李清吉的工作手機，提示用戶關機（此時已被陳玉峰關掉並藏了起來）。總經理問陳玉峰有沒有李清吉的私人手機，陳玉峰說：「我不記得他留過私人手機號碼。」總經理說「那該怎麼辦，很多客戶資料都在李清吉手上呢。」陳玉峰說：「我早要過來了，就是怕出這種意外。」說著便拿出幾個客戶的資料（其實是他自己發展的新客戶，當然還有自己編造的），一邊說其他的資料都在公司系統裡，不會有事。總經理鬆了口氣，直說這小子真不地道，好在咱們有這個系統。陳玉峰說：「上次他加班，要求給三倍的加班薪資或者三倍的補休，您沒同意，我估計是因為這個……」總經理點點頭，說：「算了，人各有志，走就走吧——不僅僅是加班的事，他能力太強了，這不是什麼好事，好像公司就指望著

跳槽危機
要與他並肩殺伐，或看他叛逃敵方？

他一個人似的，這樣下去，怎麼得了⋯⋯你看著辦吧。」

　　李清吉回到公司時，陳玉峰正巧生病並請假一個星期。李清吉找不到自己的工作手機，電郵帳號也沒法用了，於是氣衝衝地去找總經理。總經理秘書告訴他總經理出差了，現在由代理總經理陳玉峰負責給幫他辦手續，陳經理病了，由她代辦。當李清吉正在困惑時，總經理秘書拿出了李清吉的離職手續⋯⋯

　　派系鬥爭是企業發展的毒藥，在派系鬥爭嚴重的企業中，管理者決策的基礎不再是企業的戰略實施和業務發展的需要，而是幫派鬥爭。企業裡各級管理人員從權利和利益出發，組成幾個對立的派系，每個派系有自己的核心群體。不同派系的人員控制的部門之間的協作基本上是很難實現的。這樣，企業就不再是一個統一的集體，企業的資源和力量也不再朝向同一個目標，派系鬥爭導致經營目標分散、協同困難、相互刁難的問題給企業的發展帶來了巨大的內耗，導致優秀員工離職、跳槽就是其中最大的影響。

遭遇多頭管理

　　有一群猴子在每天太陽升起的時候外出覓食，太陽落山的時候回去休息，日子過得平淡而幸福。

　　一天，有位遊客穿越森林，把手錶掉在了樹下的岩石上，被一隻猴子撿到了。這隻猴子很快就搞清楚了手錶的用途，於是，它成了整個猴群的明星，每只猴子都漸漸習慣向它請教確切的時間，尤其在陰雨天的時候。整個猴群的作息時間也由它來規定。這隻猴子逐漸建立起威望，最後當上了猴王。做了猴王的猴子認識到是手錶給自己帶來了機遇與好運，於是每天都在森林裡尋找，希望能夠得到更多的手錶。功夫不負有心人，它果然相繼得到了第二支、第三支手錶。但出乎意料的是，得到了三支手錶反而有了新麻煩，因為每支手錶的時間顯示得都不相同，猴王不能確定哪支手錶上顯示的時間是正確的。群猴也發現，每當有猴子來詢問時間時，猴王總是支支吾吾回答不上來。猴王的威望降低，整個猴群的作息時間也變得一塌糊塗。

　　只有一支手錶，可以知道是幾點，擁有兩支或兩支以上的手錶並不能告訴一個人更準確的時間，反而會讓看錶的人失去對準確時間的信心。這就是著名的手錶定律。手錶定律帶給我們一種非常直觀的啟發：對於任何一件事情，不能同時設置兩個不同的目標，否則將使這件事情無法完成；對於一個人，也不能同時由兩個以上的人來同時指揮，否則將使這個人無所適從；而對於一個團隊，更不能同時採用兩種不同的管理方法，否則將使這個團隊無法工作。而這種多頭主管的現象，在現實的企業管理中其實並不少見，尤其是在中小企業的企業管理中，這種現象更為普遍。

跳槽危機
要與他並肩殺伐，或看他叛逃敵方？

　　幾年前，歐洲某著名節能產品製造和服務供應商收購了兩家同類產品製造商和原來的代理商後，三方有限公司成立，總部直接任命羅傑·歐文擔任亞太區總裁兼三方公司董事長，而被收購的那兩家公司的老總劉天億和田大壯則分別擔任新公司的執行副總裁、資深副總裁。

　　面對充滿機遇的新興市場，歐洲總公司希望旗下這家公司能找到一位了解中國，並在同類產品和服務市場開拓方面經驗豐富、能力出眾的在地市場行銷總監，以迅速打開局面。台灣來的江宇凡進入了三方公司的視野——他是某國際著名商學院的優秀畢業生，有十幾年深厚的海外和大陸市場管理經驗和傑出的業績。不過，從他接受羅傑·歐文的邀請，坐進三方公司 80 坪大的市場行銷總監辦公套房起，好日子似乎就到頂了。

　　像下面這樣的電話會議場景時常出現：

　　「在中國，市場份額是最重要的，必須不惜一切代價去爭取！」坐在新加坡辦公室的亞太區總裁儼然一副「聖上旨意下」的態度。而「聖旨」一下，必然引起兩位副總裁的積極迴響：「利潤！利潤！現金為王！通路維護吃掉我們太多成本了！」劉天億顯得很激動。田大壯卻外柔內剛，停幾秒後若有所思地反駁：「我們沒有足夠的人力在大陸做直營，通路絕對不能放，這方面還有比我更清楚的嗎？」接下來每位老總都會找各種機會與江宇凡單獨溝通，希望能夠在這位新上任的市場行銷總監身上多發揮點「領導力」。江宇凡每次都不得不小心翼翼地在三種不同聲音的夾縫裡找尋方向。

　　「你知道，我現在有三個婆婆要伺候著。」江宇凡向老婆傾訴著，「我現在不是市場行銷總監，是公關總監，他們的意見從來不會真的一致，每個人卻都要求我做好協調，在三位老大之間來回周旋和溝通幾乎占去我 2/3 的精力，一個小小的專案改過去又改回來，市場策略

根本無從考慮。」

　　的確，江宇凡來了之後，因為市場方案一再擱置、拖延，市場部每次精心策劃的行銷活動最後都匆忙上陣，有兩次甚至是老闆提前兩天決定把已經取消的活動重新實施，而且要照原計劃執行，搞得江宇凡的團隊連續 38 小時沒人回家。由於準備匆忙，效果自然差強人意……江宇凡的部下中一些不願跟著他當夾心餅乾的幹將開始離開。每次離職面談，江宇凡和任天明聽到的都是一樣的臺詞：「江總，你對我很好，搞市場也有一套，但上面的情況你也控制不了，我們雖然願意跟你一起努力，但卻不想反覆折騰。我實在不想在公司浪費時間，下次有緣繼續合作吧。」

　　江宇凡明裡暗裡不止一次向三位老大建議，然而，一切照舊。終於，一封辭職信給這一切劃上了個尷尬的句號。

　　仔細分析不難發現，這種多頭領導的狀況是深受中國的傳統文化影響的結果。首先，中國幾千年的傳統文化造就了人們官本位的思想。這一思想的具體表現就是官大一級壓死人。同樣，作為員工，見到比自己職位高的上司，不管是不是直接管理自己的，都必須要畢恭畢敬，說什麼聽什麼。這種傳統文化塑造出來的官本位思想，使得管理者習慣於對任何事情都指手畫腳，因為員工不敢不聽。而作為員工，由於缺少了平等的文化氛圍，就不得不委屈地接受各級主管的指揮。

　　其次，在東方的管理文化中，幾乎都流露出強烈的等級意識，這也是由東方文化的性質決定的。以日本為例，日本人的等級意識可謂是根深蒂固，這一點讀者可參閱美國人露絲·本尼迪克特的著作《菊與刀》。中國人的等級意識並不是很強，這從古代的那句「王侯將相，寧有種乎」就可見一斑。但是，中國卻一直都處在一個等級色彩比較濃厚的文化環境中。

跳槽危機
要與他並肩殺伐，或看他叛逃敵方？

　　在一個等級意識濃厚的氛圍中，管理的層級很可能就會變得繁雜臃腫，再加上人們會刻意地去服從這種制度，從而導致管理層在管理的過程中越位、推諉等現象層出不窮。這也是為什麼中國的企業在學習西方的扁平化管理時，只能學到形式和表象，卻無法真正達到扁平化管理境界的原因。扁平化管理要求上級授權、放權，以提高效率，但是在中國的傳統文化中，皇權是至高無上的，推而廣之，除非不得已，上級是不能輕易把權力交給其他人的。在這種組織氛圍內，即使在形式上設立了扁平化的組織機構，但由於沒有充分的授權，下級仍會事事請示，根本達不到預期的效果，徒有其表。

　　可見，多頭領導、越位管理現象的出現，並不是因為等級制度的存在或者管理制度的不規範，真正的原因是人們潛意識中的等級思想在作怪。這種思想使得員工不敢得罪那些越位領導，而擁有權力的領導因為員工的這種畏縮，就變得更加肆無忌憚，對任何事情都要管上一管。

　　本來多頭領導應該讓企業的視野更廣，現在情況卻恰恰相反，只有臨時倉促的行動和短期目標；本來多頭領導讓智慧更集中，員工更有安全感，而現在很多人卻無所適從，選擇離職。這些都歸因於企業沒有中心思想、精神或靈魂。

人才流失的根本原因

　　有些企業在經營過程中不靠法治、靠機制、靠系統，而靠個人權利、靠命令、靠指揮來使企業正常運轉。不可否認，有些企業創業初期，人治因靈活、決策阻力小而使企業「船小好調頭」，從而更容易獲得發展機會，但企業進步到一個層次之後，人治大於法治便暴露出諸多弊端：首先，用命令指揮手段去操控企業越來越不靈，原因是企業大了，部門多了，命令有時「鞭長莫及」；其次，人治大於法治，使員工產生越來越多的不滿情緒，他們迷茫、困惑、抱怨，而積怨一旦深入，也就離辭職不遠了。

　　任人唯親是私人企業最大的特點，也是人才流失的根本原因之一，正是因為任人唯親，所以一些優秀員工備感能力發揮無望，不得不「逼上梁山」，一走而解脫之。

　　項羽以任人唯親、嫉賢妒能為世人所不齒，劉邦則以知人善任著稱。其實，漢高祖劉邦也是個任人唯親的人。最典型的就是對盧綰的任用。盧綰與劉邦同月同日生，兩家素相親相愛，這就奠定了二人關係的基礎。長大後，兩個人又是同學，關係特別好。而到了劉邦逃亡時，盧綰與之相伴、追隨左右，兩個人的關係又更進一步。在劉邦起兵後，盧綰基本上無所作為，但這並不影響他在劉邦的庇護下飛黃騰達，躍居眾將相地位之上。從盧綰日後的表現來看，他並沒有作戰才能。到了封王時，劉邦還是想封盧綰為王。並且他的這種心思早已為眾部下所洞悉。眾人順從劉邦之意曰：「太尉長安侯盧綰常從平定天下，功最多，可王燕。」於是，劉邦順水推舟地立盧綰為燕王。然而大家所說的「功最多」，恰好透露了極大的諷刺意味。不僅如此，盧

縉受寵倖的程度更大大超過其他諸侯王。

在一些企業中，因為某個人是總經理的親戚或者朋友，在職位選擇和升遷上，有著一定的特殊性，相比之下，會比其他人獲得的機會更多。這個人或許在公司工作了一定的時間，但他如果並沒有達到升遷的要求，就可以直接獲得升遷的機會，不僅僅是一種制度上的改變和特殊性，也讓許多員工看到這樣一種有失公正的企業文化，對企業在這方面的文化環境影響較大，也會讓許多有能力的員工對企業失去應有的信心。因為企業並沒有一種人才公平的競爭的機制，只是任人唯親，沒有真正珍惜有才幹的人，這樣的損失不僅僅是人才方面的損失，更會帶來不可估計的財物損失。所以，有些老闆濫用權力、任人唯親、裙帶關係對企業的發展及內部管理，都會造成一定的影響。

企業為什麼大多數發展無法像全球 500 強企業那樣的大企業？為什麼有些成功企業不是死在激烈的競爭中而是敗在繼承人手中？這就是任人唯親、裙帶關係給企業帶來的致命打擊。許多企業創始人在即將退休時往往會大力提拔自己的子女作為未來的接班人。有不少的中小企業都有著濃厚的家族企業背景。其中的親朋好友不是把持著關鍵的位置，跨部門指手畫腳，就是在一些重要的職位上耀武揚威，自覺高人一等。在這樣的情況下，沒有一點沾親帶戚關係的員工們能放開手腳施展自己的才華嗎？難以施展開拳腳，就只有另謀高就了。

最近，林非凡被一個家族企業聘為經理。該公司的生產線由老闆的妹夫主管，經營是小舅子看著，財務是小姨子，連跑業務的人員都是表姨的小侄子、外甥之類的親戚……之所以這樣安排，是由於「自己人靠得住」。林非凡的上級是行銷部的副總裁，她是老闆的妻子。她沒上過一天大學，也沒有任何行銷經驗，可就是這樣一個人，對市場部的所有人，包括幾個 PM，進行著「微觀管理」。林非凡剛聽說，

在他之前有好幾個能力很強的員工就是因為她辭職了。還聽說，她在公司裡飛揚跋扈，頤指氣使，誰不同意她的看法，她就資遣誰。而且，她的丈夫居然還全力支持她。

林非凡只在這家企業工作兩個月，就選擇了離職。

芬蘭赫爾辛基大學的兩名生物學家在對螞蟻的研究中發現，螞蟻在孵卵時竟也講究親緣關係，據此推斷：裙帶關係是普遍的社會行為。當然，時下的所謂「裙帶關係」早已超出原來親緣關係的界定，上下級之間、朋友之間、同事之間等都可能成為「裙帶」的附屬。僅憑個人經驗、喜好決定企業發展，經常使企業遭受巨大損失；任人唯親，濫用親屬，在選擇職業經理人還是「自己人」時，通常傾向於選擇「自己人」，造成企業關鍵職位幾乎全由「自己人」占據，外人晉升無望，因而打擊了優秀人才的積極性，造成人才流失，阻礙企業的長遠發展；缺乏規範的管理制度，企業結構混亂，導致企業管理缺乏制度約束，使得現代企業制度經常有名無實，做事無章可依，效率低下。裙帶關係一旦形成，企業裡就會出現派別關係、權錢關係。

衛玉山曾經被聘為一家企業的管理人員，老闆很大方，把他的辦公室裝潢得與自己這個董事長的辦公室一樣豪華。當然了，前期是有「故事」的。那時衛玉山還在另一家公司工作，老闆為了挖角，經常到衛玉山公司的樓下，把汽車遠遠地停在公司門前等候他下班……俗話說：只要功夫深鐵杵磨成針。

衛玉山最終被老闆的執著和熱情打動了，毅然來到這家公司，並且很快為公司創造了豐厚的利潤。然而，最讓衛玉山傷心的就是老闆的兒子成了自己的剋星……老闆就這麼一個兒子，企業有了這麼大的資產後，他就一心想栽培這個兒子成為未來公司的接班人。也時常責令兒子要尊重衛玉山，多向他學習之類的叮囑話。衛玉山被老闆的那

跳槽危機
要與他並肩殺伐，或看他叛逃敵方？

份摯誠所感動，便備受寵倖欣然承諾傾心傳授自己的平生經驗……誰料，這個未來的老闆不但不感恩，反而嫉妒衛玉山高層管理者的職位，想讓全公司的員工都像尊重衛玉山一樣尊重他。為了排擠衛玉山，未來的老闆費勁了心機。

衛玉山最終無法忍受這位未來老闆的「算計」，最終選擇了離職。後來，他聽原先公司的資深員工說公司的業務急劇下滑，老闆也因氣病倒、放手不打理公司的業務，兒子不但無法壯大公司反而因經營管理不善而放棄原來的業務。

據一份企業人員流動狀況調查資料顯示：各類企業當中，私營企業從業人員「跳槽率」最高。很多私營企業一年甚至要走掉「幾批人」。這種現象在中小企業裡表現得尤為明顯。私營企業是目前及未來國家經濟發展最活躍、最具增長力的因素之一，但企業內部人員頻繁流失無疑會給企業帶來人力資源上的缺口及營運困擾，使企業發展嚴重「供血」不足，最終影響企業發展的全域。

我是老闆，我怕誰

　　放眼看去，很多企業都會出現這樣的情況：發展到一定程度就會遇到成長的瓶頸。有很多老闆總認為公司成長不起來，是因為內部人員或外部市場因素引起的，事實上，很多公司經營失敗或倒閉都是老闆本人的責任。成功的老闆造就成功的企業；失敗的老闆導致了企業的失敗。

　　張先生喜歡開會，一開起會來就長篇大論沒完沒了。有時一次週一例會會從早晨一上班就開始開，一直開到夕陽西下。張先生喜歡講話，而且基本上是脫稿，雖然他講起話來常常帶有權威性與訓導性，但他為此非常得意。張先生喜歡教育人，尤其是他的員工，但他教育的方式卻不是教練或是導師型的，更多的則是帶有自己居高臨下，輕視和數落型的。

　　張先生掌控著的是一個一千多人的大公司和不斷發展的事業，其行為可以用獨斷專行、一手遮天、唯我獨尊來形容。作為董事長，在企業中表現得非常強勢，這不僅在於他上述的工作習慣，更在於他對員工的威嚴。而最主要的原因就是，這家企業是由他一手締造出來的，所以膨脹的個人心理也像不斷擴大的企業一樣，大有「老子天下第一」的味道。

　　張先生作為一個企業強勢的最高管理者，手下包括作為空降部隊的總經理在內的各個主管副總，包括中層管理人員，不論能力高低，本事大小，都對張先生表現出唯唯諾諾，俯首貼耳的態度。

　　張先生一方面避免和才華橫溢、鋒芒畢露的員工正面交手，另一方面又透過制定有針對性的規章制度、指定專人與他合作等手段，束

跳槽危機
要與他並肩殺伐，或看他叛逃敵方？

縛一些員工的手腳，消耗員工的精力，使員工整天應付令人氣惱的糾葛和內耗。在這種惡劣的氛圍之中，員工即使有天大的才華和銳氣，也難逃自滅的厄運。

我們可以說，在張先生這樣的企業中，存在著強勢上級與弱勢員工的極不正常因素。倚靠在張先生這棵強勢的大樹下，有能力的員工的激情與鬥志的棱角也會被磨平，而能力平平的員工則更會淪落為企業的庸才，造成「大樹下面不長草或者長不起來草」的現象。

由於有些老闆既要在員工面前表現出老闆的威嚴，又不想讓別人看出自己在專業管理領域的無知，因此他們往往不能建立正確心態，所以常常會表現出「老子天下第一」的獨斷。有些老闆為了使自己在企業當中保持絕對的權威性和決策權，同時也擔心那些能力強的員工否定他或者在某些方面比他強，所以對於那些能力強的員工以及經常與自己持反對意見的員工，他都認為他們是在與自己唱對反調。對於企業裡的這些「小草」，老闆這棵大樹堅決不會給他們照到陽光的機會。

因此，企業中有更多的員工仿效老闆的態度，逐漸疏遠他認為是強勢的員工，而喜歡聽話的員工。使那些表現強勢的員工心理上承受到巨大的壓力。老闆採用這種手段，意在從根本上剝奪員工傲氣十足的資本，挫傷他的銳氣，逼其就範。他的傲氣要不了多久就會消退，鋒芒就會消失，如果願意待在企業中，自然也會逐漸乖巧地服從這個本身並不具備強勢能力、資本與條件的上級或老闆。

老闆也在不斷地引進人才，初衷是好的。但有些老闆引進人才後，卻沒有很好地去利用這些人才。為了使自己的地位與威信與絕對強勢的領導權不被一些新引進的人才所顛覆，常常會忽略知識型人才和能力較高的人才在眾人面前的發揮作用。同時對知識的管理也非常鬆懈，

非常不注重企業後天的培訓。他們認為，只要企業把產品賣出去，貨款收回來，各個部門運轉正常，處於自己的絕對控制之中，沒必要讓更多的所謂人才和知識來打破這種「良好」局面。

　　老闆錯誤理解了人才概念，同時也沒有正確運用人才。很多老闆以條件所限為藉口，故意將某員工放在一個封閉、保守、落後的小環境裡，使他長期得不到外界的新知識、新資訊、新動力，學不到新本事，從而由於知識老化，才能蛻化，而失去驕傲的資本，變得易受管理者的擺佈和控制。殊不知，人才可以跳槽，而老闆幹不好只能跳樓。企業沒有人才就談不上企業未來。大多數中小型企業均是精明老闆帶一群常被他號稱為像驢一樣的員工，強將手下是弱兵。這種具有「馬驢文化」特質的企業很難走遠，因為老闆缺乏選才標準，沒有留人方法，更沒有人才規劃意識，於是缺人才就成了心中之痛。優秀的企業家會讓庸才變人才，劣等企業家會讓人才變庸才。

　　現今職場「偽」老闆太多了，很多企業老闆在自己的公司裡已經習慣了唯我獨尊，頤指氣使，越俎代庖。老闆的霸氣就是唯我獨尊的傲氣，「我是老闆，我怕誰！」一切都是老闆說了算，這就勢必會失去員工對企業的親和力，造成兩者之間的思想屏障。

跳槽危機

要與他並肩殺伐，或看他叛逃敵方？

第三章

親力親為害死人

　　管理者雖然經常重任一人挑，但卻很難得到員工的敬重，相反還可能遭致他們的埋怨。因為對那些非常希望在工作中鍛煉自己、提高自己的員工來說，管理者這麼做，無疑大大阻礙了他們前進的腳步和自身能力的提升，限制了他們在職業生涯中更大的發展。

主管忙昏頭，員工沒事做

　　一個餐飲企業的老闆，經過短短幾年的奮鬥就把一個路邊攤發展成為一個有幾家分店的餐飲連鎖企業。企業越大，他就越忙，天天「兩眼睜開，忙到熄燈」。雖然這位老闆聘請了一個月薪數十萬元的總經理，但由於老闆不授權，這位總經理也樂得清閒，大小事情都向老闆報告，將自己的職能降到樓層經理的位置。由於老闆不懂、不肯、不會授權，他沒有激發下屬的潛能，企業的事情只能被動應對。「吃飯有人找，睡覺有人喊，走路有人攔」就是這位老闆每天的生活寫照。最後，企業經營不善，老闆也只好另謀發展了。

　　擔任過管理職務的人都知道，有些老闆總是事必躬親，親力親為，大事小情都要過問，十分注重工作細節，整天忙忙碌碌，勤勤懇懇。這些老闆將事事躬親，視為支持下級的表現，殊不知，過多的親力親為、督導、干預不但不能充分地發揮下屬的主觀能動性，將來還會影響下級的主動工作熱情。大權獨攬、事必躬親的老闆，會因職責不清晰而導致管理錯位，其企業決不會有光明的前程。

　　不少企業老闆總是說太忙，難以集中時間和精力來思考和處理計畫中的事務。常常是這裡還沒談完，那邊電話不斷；手上待批文件一大堆，外面還有訪客要接待；本打算到辦公室辦某件事，結果半路上就被人截住談另一件事；好不容易來到辦公室，等在那裡的人一大群；日復一日，總是忙於臨時事務，計畫中想做的事就是無法及時做。就老闆所承擔的職責來講應該是忙一些的，但不少老闆的確整天忙得不可開交，有的甚至以忙亂為榮，那就有問題了。關鍵問題是職責錯位以及不懂得授權造成的。

　　職責錯位，導致自己不知道自己該做什麼，或不該做什麼，說到底，就是對職位職責的細分沒有到位。企業老闆的職責在於明確企業及其下屬的任務和目標，至於如何去實現，則是要求下屬充分發揮其主觀能動性。這就必然要求職、權、責到位，而非職、權、責錯位、有職無權或無責。許多老闆往往大權獨攬，小權不放，動輒「一竿子到底」，結果只能被動應付，捉襟見肘，事事沒有起色。相反，一些善於授權的老闆，由於「分身」有術，常常超脫得很，並不見「吃飯有人找，睡覺有人喊，走路有人攔」，事業卻一片光明。

　　三國的諸葛亮火燒新野、鏖戰赤壁、三氣周瑜、智取西川、七擒孟獲、六出祁山的故事至今仍是膾炙人口。古往今來，多少志士仁人，騷人墨客，無不為其雄才大略和高度負責的敬業精神所折服。諸葛亮曾親自校對登記冊，主簿楊顒知道後勸諫：「治理國家猶如一家的規則和秩序，上下職務不能相互侵犯。」他打了個比方，有位主人派男僕去耕地，女僕燒火做飯，雞管報時，狗管看家防盜，牛負重載，馬跑長途。查看家中樣樣工作都沒有曠廢，各種需要都能得到滿足，他就從容地休息了。忽然有一天早上，這位主人打算親自去做所有的事，去做種種瑣事，結果累得疲憊不堪，卻一無所成。問題不在於他的智慧不如男女奴僕和雞狗，而在於「丟了當家做主的方法」。楊顒的比方和勸說，可謂所言極是。可惜諸葛亮並沒有認真聽取，依然「親理細事」、「夙興夜寐」，內政軍戎一把抓，以致自己被弄得「食少事煩」，最後「出師未捷身先死」，累死在征戰途中。

　　其實，諸葛亮大可不必親歷親為，蜀國前中期，劉備屬下可謂是楚蜀人才濟濟，只不過是未能合理授權，才導致了諸葛亮積勞成疾、過早謝世，確實令人惋惜。就拿魏延來說，自率部投誠，數戰有功，劉備稱漢中王遷都成都時，破格提拔為鎮遠將軍，領漢中太守，魏延

跳槽危機
要與他並肩殺伐，或看他叛逃敵方？

的才幹得到了充分的發揮，實踐的效果很好。劉備死後，孔明大舉北伐時，本應授權在前線與曹操多年作戰，既有經驗，又有計謀的魏延，可孔明總是對其存有戒心，非但不予授權，對魏延提出的「出奇兵攻長安」的建議也不予採納，連先鋒也不讓其做。

有的老闆總認為只有自己才能把事情辦好；少數老闆畏懼下屬的能力，擔心一旦授權會「功高蓋主」；極少數老闆有強烈的權力慾望，只有事必躬親，才能顯示自己是有權力的人，不要說授權，就是下屬職責範圍內的事也要插手。

一天，唐太宗李世民問蕭瑀：「我跟隋文帝比起來，你認為怎麼樣？」蕭瑀想了想，坦然回答說：「隋文帝勤勉治國，批閱全國的書表奏章，往往從黎明直到日落西山。隋文帝召集大臣們進宮議事，常常忘記時間，到吃飯的時候還沒有完，就命令侍從把飯送上來，邊吃邊議事。」

唐太宗開懷大笑，爽朗地說：「公只知其一，不知其二，隋文帝總怕大臣對他不忠心，大權小權一人獨攬，什麼事都由他一個人做主，不肯交給下屬去辦。他雖很辛苦，事情不一定辦得好。大臣們摸透了他這個脾氣，都不敢直言，常常是順著他的心思說話，口惠而實不至，我怎麼敢像隋文帝那樣？天下地方那麼大，四海的人這麼多，國事千頭萬緒，只有請部門去商量辦事，遇到大事報告宰相認真考慮，有了妥當的辦法，再報告我准奏，然後執行。天下各種事情，都由皇帝一個人來定，那怎麼能行呢？如果皇帝一天處理十樁事，其中五樁事處理得盡善盡美，另外五樁處理得不好，一天出五條差錯，日積月累，年復一年，謬誤積起來，豈不是要毀壞國家嗎？把事情交給有才能的人辦，自己高瞻遠矚，專事考核官員的功過，於國於己不更好嗎？」唐太宗充分分權，注重發揮各部門的作用，讓他們各司其職。

　　很多老闆習慣了大包大攬的管理方式，不能說這樣的老闆無才，只是其才能太多，以至勞多卻不得實質性的收效。這種老闆還認為只有自己對所有的事情都很清楚，只有自己才有可能高效地處理問題。說到底，其實這是一種過分看重權力的表現。

過分看重權力的結果

　　權力一直是人們最關心的事情。不同的是，君子有了權力會更加勉勵自己，小人有了權力會更加放縱自己。「學而優則仕」的人才選拔方式，在一定程度上加大了這種劣根性的破壞力，為了保住自己政治上的位置、學術上的位置，具有這種劣根性的人總在有意無意地幹著嫉賢妒能、戕害人才的勾當，從戰國時的龐涓開始到現在從來就沒有停止過。這和企業裡握緊手中權力，眉毛鬍子一把抓的老闆何其相似。

　　企業中，有很多老闆都是大權獨攬，霸氣十足。因為獨斷專行，難免有情緒化的時候。高興了，不行的事也許就行了；不高興了，可以的事也許就不行了。這就使得員工不得不養成看主管臉色辦事的習慣。如果你的老闆常說，「無論大事小事，我不經手就一定會出差錯。」並引以為豪的話，你就應該想到，這位老闆肯定留不住人。老闆不問大小事都要親自參與，他怎麼能放心讓下屬獨立工作？特別是在事必躬親的老闆不在場的時候，無法獨立的下屬「出錯」的機會就更多。

　　上世紀 70 年代，喬治·布朗將軍在擔任某空軍基地的空軍系統司令部司令時，要挑選一位研究部主任，這項任命得經過空軍部長的最後批准。布朗把這件事交給手下的一位將軍，這位將軍回憶說：「為了向派克特部長報告，布朗將軍做了充分的準備，他要了一份計畫主任的名單。他對我說：'傑裡，我想讓你去跟西曼斯博士談談。我已挑選你負責防空壓制項目（研究部主任），西曼斯博士希望在我們見派克特先生之前先見見你。'布朗將軍沒有詳細交待我該怎樣與國防部長打第一次交道。雖然我過去的工作業績不錯，但如此簡單直接地

獲得了任命還是令我感到驚訝。布朗將軍沒跟我講大道理，沒有向我交代工作計畫，也沒做詳細的指示。在我去見國防部長時，我說我會一直對這項工程盡職盡責，也會對布朗將軍盡責。結果是，國防部長對我的報告感到滿意，在我們與派克特部長會面時，派克特部長宣佈我為負責該專案的主管。」

　　作為美國空軍高級軍官，布朗在越南時從不因此而裝出什麼都懂的樣子。如果布朗將軍不熟悉某些事情，他會非常細心地詢問自己的參謀人員。從長遠看，這是指導和指揮複雜的空中戰爭更為可靠的方法。他這種向手下的參謀人員放權的風格和做法與眾不同。他對分工有深刻的理解，認識到控制是有限度的，一個人不可能什麼都會。

　　布朗將軍明白，指揮員是決定戰爭成敗的關鍵。當他赴越南任職時，他委託肯尼士·托勒曼負責向戰區派遣上校級軍官到越南任聯隊指揮官。托勒曼回憶說：「在布朗離開華盛頓前，他向我提了一個口頭要求，意思是讓我把最好的上校派到越南去。他會用人，他信奉放權，他希望能得到可以給予信任的人。他知道，在美國空軍裡有許多這樣的軍官，但他不認識他們，因為他已有一段時間沒在指揮職位，也有多年沒在戰術空軍司令部任職了。戰爭的特點決定了戰術空軍司令部派往越南戰場的軍官最多，因此布朗覺得在這方面我能幫上大忙。」

　　「布朗告訴我，作為懷特將軍的副官，他學到的最有意義的經驗是，把重要的事情與不重要的事情區別開來，要抓住本質，不為現象所迷惑，讓部屬去做細節性的工作。部屬們做了這些工作，管理者就可以只管大事。從其部屬送給我的報告看，布朗在這方面做得很出色，他善於區別重要的與不重要的東西，他有本事挑選適當的人完成某個任務，充分發掘部屬的潛能，有時部屬都會對自己的表現感到吃驚。」

　　喬治·布朗指出，隨著責任的增大，一個人不可能事必躬親、面面

俱到。下放權力不僅可以節省總是疲勞過度的高級指揮官的精力，還是培養下級指揮官領導能力的重要方式。在美國軍隊裡，高級將領有責任培養下一代指揮官走上未來的高級主管職位。此外，一位管理者最得人心的做法就是把任務交給下級，讓下級自己解決問題。下級指揮官不僅不會辜負上司對他的信任，還會全力以赴地做好工作。

目前，美國陸軍已經把放權的觀念列入作戰條令，是作戰命令的一個關鍵要素。指揮員的意圖就是作戰行動預期的最終結果。它是統一士兵行動的綱領。它不是作戰觀念的摘要，其目的是使下級指揮官把注意力放在最終結果上，讓下級指揮官把注意力放在為取得勝利所必須完成的任務上。這樣，即使作戰計畫和作戰命令不再適用，部屬仍能夠圍繞最終結果靈活地調整自己的行動。

換句話說，指揮官能有效地界定作戰行動的最終結果，明確向士兵交待作戰構想或奪取勝利所必須完成的關鍵任務，下級指揮官就有機會發揮自己的主動性來確保作戰行動的勝利。即使隨著形勢的發展，原定作戰計畫已無法執行，部屬仍能根據最終目標的需要調整自己的行動，根據新形勢制定新作戰計畫，清楚自己仍在上級所確定的總體框架內行動。

美國陸軍的做法不僅適用於軍事管理，同樣適用於企業管理。

是船東，而非船長

我們不妨把企業比喻成一艘船，而你是這艘船上的一個管理者，你覺得自己的角色應該是什麼？對於這個問題，估計很多人的回答不是船長，就是大副，或者輪機長，要不就是「團體的組織者，使每一個人都支持、參與和溝通」。當然，這些都可以說成是管理者的角色，但是，還有一個更重要的角色，卻很少有人想到它。到底是什麼角色呢？

看看我們的周圍，成功的企業數不勝數，但慘澹經營、苦苦掙扎甚至傾家蕩產的企業亦不在少數，同樣的政策、同樣的環境、同樣的教育、同樣的文化，為什麼有的人能成為富豪，有的人卻艱難度日呢？原因是多方面的，這裡借用一句話來說明問題：「如果把企業比作一艘船的話，一般管理者都把自己當成是舵手、船長，而真正的企業管理者應該是這艘船的設計者和擁有者，是船的真正主人，是船東。」

無論是一艘大船還是小船，船長的使命都是管理好船上的一切事物，把船安全地駛往目的港口；而船東則是在此基礎上，把這條船視為自己生命的一部分。開船需要很專業的知識，如果船東水準有限，又想讓船隊發展壯大，就應該徹底放權請別人來當船長，自己則管理著船隊的大方向。當然有的船東不是自己不會開，而是不想自己開，於是也請了船長，然後是大副、二副、輪機長、水手等人員。船要出海了，船東有上船跟著出海的必要嗎？當然，船東可以去，也可以不去。在這艘出海的船裡，船長、船員一個都不能少，就是可以沒有船東！

的確，大多數老闆當官在行，可談到具體業務來未必比一般員工

出色。退一步講，即使你對某個員工的業務能力或忠誠度信不過，你可以換人。所以，具體問題應該讓具體的人去操作、去執行，如大副、輪機長，這叫各司其職。倘若船東總是糾纏於瑣碎的日常工作，去做大副、輪機長的事情，就勢必顧此失彼、得不償失。老闆更應該像坐在直升飛機上一樣，必須要「俯視全景」。想必張瑞敏的船東思維能夠給讀者很多啟發。

制定策略、創新研究、宏觀調控才是老闆該做的事。因此，在你為工作忙忙碌碌的時候，不妨停下來，冷靜地分析一下眼前的情形，思考一下你的主要工作是什麼？你的目標又是什麼？你的工作和目標一致嗎？如果發現偏離「航道」，相信你一定會慶倖地拍著自己的額頭說：「我都做了些什麼呀！」

企業是成功還是失敗，靠的是誰有高素質人才。誰有高素質人才，誰就可以在競爭中獲勝；誰有更多能做實事的人，誰就能夠抽出更多的時間去做那些更具有戰略性的事情。但作為一個企業的老闆，你的任務不是去發現人才，今天培養一下張三，明天考慮一下李四，如果這樣你就本末倒置了。老闆的職責應該是建立一個可以培養人才的機制，也就是進行團隊建置。這個人才機制自身就能夠源源不斷地產生人才，對一個企業來說，這種機制的建立要比老闆具有敏銳的發掘能力更為重要。因此，主管要想使企業在競爭中獲勝，自己又能從繁忙的瑣事中解放出來，就必須周而復始地進行團隊建設——建立一個人才訓練系統，源源不斷地「生產」人才，從而留住優秀的員工，因為優秀員工不會放棄從優秀到卓越的平臺。

克服親力親為的毛病

　　洪孟凱是三個月前到千禧榮光公司的，看到物流管理部主任和搬運工在一起搬運貨物，剛跳槽到千禧榮光公司的人力資源部經理洪孟凱趕忙說：「這些事叫其他人做就行了！」然而，連洪孟凱自己也沒想到的是，很快，他竟然也做起了同樣的事。以前他對這家公司了解得並不是很多，只是在應聘的時候感覺千禧榮光公司的辦公氣氛挺好的，辦公區的每個隔板裡面，大家都在埋頭苦幹，一片秩序井然的樣子。不過，公司老闆劉世強在面試他的時候說過的一句話：「不要什麼事都在旁邊看著，要能控制得住。」他當時並不是很理解。

　　到千禧榮光公司正式上班後，洪孟凱才逐漸搞清楚這句話的意思。在一次訂定考核制度的計畫中，洪孟凱將制定制度的部分任務交給了自己的一個下屬。那個下屬做好方案後，洪孟凱大致地看了看，並在內部進行了討論，調整了部分條款。但是，在呈報給劉老闆後，劉老闆卻以「制度精神和條款內容還不錯，但是語句和個別言辭需要重新修改」為由，退回給洪孟凱，末了，還加了一句：「你的文筆很不錯啊，幹嘛不自己來做呢？」這句話讓洪孟凱明白，為什麼物流部主任會和搬運工一起搬運貨物了。不過，也是這句話，讓洪孟凱逐漸陷入了「事無巨細都要親力親為」的旋渦中。

　　但是，在千禧榮光公司並不只有洪孟凱這樣。從劉老闆到公司管理層，幾乎人人都有忙不完的事。以業務部經理張萬青為例，這位要在年末評先進、做宣講的先生，演講稿準備了一個禮拜，也沒有在開會到來的前一天準備好。

　　為什麼會這樣呢？張萬青一會兒要查審查報表、準備銷售報告，

跳槽危機
要與他並肩殺伐，或看他叛逃敵方？

一會兒要巡視市場一線，一會兒要代劉老闆接待客戶，一會兒又要跑商業局、電視臺，一會兒又要應酬——他不是沒時間準備演講稿，而是忙忘了！到了開會這一天，這位原本打算好好表現一下自己的業務部經理，連演講稿的一半也沒完成。同時，千禧榮光公司中有能力、有抱負的基層員工，卻由於缺乏足夠表現和鍛煉的機會，紛紛想辭職。

當企業的老闆為大小事務忙得腳不沾地的時候，員工們很難得到鍛煉和成長的機會，即使有機會了，也會由於管理者的「貼身支持」而可能產生壓力，主觀能動性與創造力大打折扣，從而導致團隊合力作戰的精神與默契難以得到培育，還增加了人員非正常流動的幾率。管理者也會很快陷入孤立無援、顧此失彼、輕重不分、整體感缺失的管理智障中。

企業老闆親力親為不但會影響到企業的管理秩序和管理平臺的升級，影響到經營的績效，還會因陷於瑣碎事務中，錯失許多企業發展的量變和質變的機會。也就是說，不論是哪一級管理者，一旦患上了親力親為的毛病，就可能忘掉「讓專業的人去做專業的事」的基本管理原則，而使自己及企業陡增更多犯錯的可能——尤其糟糕的是，如果用對的人去做對的事，這些錯誤本來是可以避免的。與此同時，在對一些大事的處理和對市場機會的把握上，又會錯失機會，延誤商機。換句話說，越想透過親力親為做得好一點，就越可能把事情辦砸；越想眉毛鬍子一把抓，就越是問題叢生，越難提升團隊的經營、管理績效。

親力親為是個難以自拔的怪現象，也會讓管理者身邊的工作夥伴無所適從。幾乎所有的企業都是經過一番可謂刻骨銘心的艱苦創業，才獲得了一定的發展與成功的。在創業階段，管理者們都是大事小事親自上陣，從而邁向更高的臺階的。於此背景下，眾多管理者都在潛

意識中認為創業難，守業更難，就更需要謹慎，而唯有盡可能地親自處理具體事務，才更放心，更有保障。企業管理者性格多疑，對員工的能力和工作態度始終缺乏信心與信任，希望透過親力親為來降低用人風險，把握住企業的發展方向。

在用人的經歷中，有的管理者曾經遭受過極為信任的核心骨幹背叛自己的創傷，因此心存不親力親為就會出大問題的想法。而對更多的管理者來說，他們之所以親力親為，除了向親歷親為的上司學習之外，還為了向主管表現自己，向同級證明自己，向下級標榜自己，在企業中儘快樹立起自己的威信，找到自己的位置。

某些老闆親力親為的直接表現就是眉毛鬍子一把抓，讓自己如轉緊的發條一樣始終處於忙碌之中，而手下的員工卻因一直難以接觸到核心事務，而得不到更多的機會，在主動或被動的偷閒中虛度時光。正是因為上述原因，很多的企業管理者，儘管都很清楚親力親為可能帶來的傷害，想改變卻又始終難以突圍。

以下的辦法可以幫助老闆改掉親力親為的毛病：

了解一般管理者及員工的方式有很多，決不止事必躬親一種。一些老闆之所以「剎不住車」，是因為親力親為被賦予了「調查內部真實情況，力求一切盡在掌握中」的作用。可是，難道親力親為就是達到這些目的的唯一辦法嗎？當然不是，比如面對面、心交心的誠摯訪談就可以取代親力親為；再比如，還可以透過資訊回饋制度，多角度地了解企業中每個團隊內部的真實情況。要放手讓員工們去做，放手讓他們履行自己的職責。當然，在工作的過程中，管理者有督導的責任，這樣員工們才能在實際工作中，慢慢成長起來，勝任工作，完成任務。但是，面對那些仿佛什麼都幹不好，還不求上進的員工，管理者們又該怎麼辦呢？管理者需要提醒自己的是，在這個世界上，沒有

跳槽危機
要與他並肩殺伐，或看他叛逃敵方？

一無是處的員工，只有看不到員工特點與優點的管理者。回想一下，當初自己是看中了他哪方面的實力而將他招聘進來的？反思一下，自己是否盡到了上司的職責，對員工進行了有針對性的培養和提攜呢？

凡事喜歡親歷親為的管理者應該和事業經營得順暢出色的「甩鍋老闆」，以及在團隊管理方面出類拔萃的「輕鬆老闆」多多接觸。近朱者赤，每一位被親力親為累得喘不過氣的管理者，都應當在接觸和交流中體悟到一些對自己有益的東西。如果所接觸的那些人和我們的條件相仿、履歷相近，管理者的收穫將更為明顯。適當創造走出去的機會，使自己沒有時間再親力親為。當然，在走出去期間，管理者同時應該做到，全體員工能自覺地在自己的職位上正常地工作，甚至比上司在公司時做得更好。

如果能做到這點，管理者就能夠增強自己對員工的信心和信任，繃得很緊的神經也會自然而然地放鬆下來，並逐漸從親力親為的慣性病中解放出來。

用人不疑，授予全權

　　猜疑是損害員工積極性的毒藥。你懷疑我挖陷阱，我提防你放暗箭，這樣的人走到一起就是烏合之眾，戰鬥力不足為道。在團隊中培養信任的氛圍，避免猜疑心理的蔓延，是得人之力的關鍵。這就要求老闆從自己做起，敢於相信別人。一旦決定授予某人權力，就不要懷疑他的忠誠和能力而處處干預，這樣他才會忠實地履行自己的職責。

　　山西太谷縣著名的富商曹氏，鼎盛時期曹家開設的大小商號 460 餘座，遍及大半個中國，甚至在國外——英國倫敦，俄羅斯的莫斯科、伊爾庫斯克，日本的東京都有曹家的商號，經營的商品有 13 個種類，雇員達 3.7 萬餘人，總資本達 1000 餘萬兩白銀，是名副其實的跨國公司，富可敵國。庚子年間，八國聯軍入侵北京，慈禧太后出逃入晉，盤纏不夠，曾向曹家借數十萬兩白銀，慈禧太后回京後不想還錢，便把乾隆年間法國使節送給清皇室的由黃金、白金和烏金精製而成的「金火車頭鐘」賜予曹家，算是了結了這筆賬。民間留下了「金鐘今尚笑西後，無有曹家怎北歸」的說法。

　　曹家經商之所以能獲得如此大的成功，用人是其法寶之一。相傳，曹家在瀋陽的富生峻錢莊開辦時，曾聘用一位掌櫃。但僅僅幾年的時間，這個掌櫃就把財東拿出來的本錢賠了個精光。但是曹財東聽了這位掌櫃講述的賠錢原因後，不但不責怪他，反而問他還敢不敢重新開始。這位掌櫃十分自信，表示還敢重新開始，於是又向曹財東領了本錢，重回瀋陽。想不到過了幾年，這位掌櫃把新領的本錢又賠光了。儘管如此，曹財東仍然信任他，又第三次付給他本錢，讓他從頭再來。這一次掌櫃可沒有辜負財東的重托，幾年時間，不僅賺回了前兩次虧

跳槽危機
要與他並肩殺伐，或看他叛逃敵方？

賠的銀兩，而且大獲其利，並新開辦了富盛泉、富盛成、富盛長、富盛義四家分號。曹財東在晉商史上留下了識人有眼、用人不疑的佳話。

為何這位掌櫃屢敗屢戰，始終能得到財東的信任？原來晉商財東聘請總經理有一條選賢任能，疑則不用的原則。

頡尊三曾是大德恒票號的經理，他撰寫的《山西票號之構造》中對此的闡發甚為精闢。他說：「山西票號成立之初，當財東起意經營，聘請經理，由介紹人之說項，或自己注意查訪，確實認定此人有猶有為，能守能攻，足以擔任票號經理之職責，則以禮召聘，委以全權，專採用人莫疑，疑人莫用之旨。但被委之經理，事前須與財東面談，偵察財東有否信賴之決心，始陳述進行業務及駕馭人員之主張。果雙方主見相同，即算成功。」

在授予權力時，老闆要把責、權、利三個方面的事務都交代清楚，讓員工知道自己該幹什麼、能幹什麼和有什麼好處。這三個方面有一項不清楚，員工就心存疑慮，既影響能力發揮，也影響積極性。有些老闆只授予責任不授予權力，或者雖授予權力卻不申明利益，只是籠統地說：「好好幹，我不會虧待你的。」到底不虧待到什麼程度，下屬並不清楚，怎麼會盡心竭力呢？在西方企業，流行股權分配，只要幹得好，好處一目了然，所以很少有不負責任的管理者。

劉邦用人不疑，疑人不用，待人真誠，賞罰分明，其胸襟氣度遠遠高於項羽。陳平離間項羽君臣的關係，需要四萬斤黃金（當時即黃銅）作為活動經費。劉邦立即撥出，交給陳平調用，「恣所為，不問其出入。」劉邦根本不管不問。對劉邦的恢宏氣度，後人評價甚高，劉辰翁評注曰：「以泗上亭長捐四萬金如糞土，委之一夫不疑，其志氣可吞羽百倍。」可以說，劉邦待人坦誠，豁達大度，從諫如流，與天下同利，正因為劉邦「唯德是建，唯賢是與」。所以，在其麾下，

猛將如雲，謀臣如雨，形成一個文武齊備、君臣和諧、上下默契、同心同德的領導核心。

在楚漢戰爭中，劉邦委任蕭何為丞相，坐鎮後方，治國安民，凡各種軍國大事，諸如民政、徭役、治安、稅收、財政等等全權管理，並授予尚方寶劍，可以「便宜行事」。韓信乃胯下之徒，先投奔項梁、項羽，均不被重用，後來經蕭何力薦，劉邦毅然排除阻力，一下子將他提拔為漢營的大將軍。若非劉邦，韓信所受的胯下之辱將永遠被人譏笑，決不會翻身成為「堅忍」的代名詞，更不用說後來建功立業了。

北宋大政治家王安石曾感慨道：「蕭何刀筆之吏，委之關中，無復西顧之憂。陳平亡命之虜也，出捐四萬餘金，不問出入。韓信輕猾之徒也，與之百萬之眾而不疑。是三子者，豈素著忠名哉？蓋高祖推己之心而置於其心，則它人不能離間而事以濟矣。」千里馬常有，伯樂不常有。蕭何、韓信、陳平正因為遇到劉邦這樣的伯樂，才成就了千古功名！

每個員工都有被重視、被信任的渴望，老闆敢不敢於放手用人，給員工一個施展才華的舞臺與機會，是影響核心員工忠誠的一個重要方面。在對離職員工進行調查時，不少離職的核心員工都反映，主管不信任人，不肯放權，不給發揮的餘地，無論什麼情況下犯的錯誤都推給員工，這是他們辭職的最主要原因。對於知識經濟時代的核心員工而言，給予他們必要的信任和更大的決策權是精神激勵的重要組成部分。

優秀員工大多具有更強的自主性，他們不僅不願受制於物，而且無法忍受上級的遙控指揮，他們更強調工作中的自我引導。核心員工具有獲得更大成就和業績的意識，被企業委以重任可以促使他們對工作充滿熱情，發揮更大的主動性。在知識經濟時代，企業的核心員工

往往比管理者更加專業，對自己的工作比管理者更為熟悉。解決這個問題最重要的方法就是選擇優秀員工，相信他們，給予他們足夠的施展個人才智的空間與權力。「相信別人」這個道理是顯而易見的，我們可以懷疑某個人的能力，但不能懷疑所有人的能力。

　　當然，授權不是一件容易的事，既需要智慧，也需要勇氣，還需要對人性人情有比較深的了解。尼克森在談到自己當美國總統時說，領袖有各種各樣重要的選擇，其中就有什麼事該親自處理，什麼事可以讓別人去辦，以及選擇什麼人代表自己辦事。老闆敢於大膽授予全權，主要是有識人的眼光，知道什麼人可以信任，什麼人不可以信任，至少有八、九分的把握才授權。通常來說，有責任心、講道義、懂得感恩圖報的人可以信任。而投機取巧、過河拆橋、出賣感情、「有奶就是娘」的人不可信任。

充分放權，壓力不減

　　約翰·麥斯威爾在《21 條領導原則》一書中寫道：老闆給予員工多大的權力，員工就會產生多大的動力。員工在得到授權後，也獲得了更加靈活的發揮自己創造力與才能的空間。但是，授予員工更多的權力並不等同於沒有約束的權力下放，不加區分的權力下放是一種效率低下、適得其反的授權。

　　管理者在授權之前要認真地思考與研究。一些管理者擔心項目會失敗，員工在工作中會偷懶，因此不願意向員工授權，極力壓制員工得到授權的渴望。有魄力的管理者不僅善於授權，還會鼓勵員工合理使用授權，給予員工必要的支持與幫助，促使他們實現自己的目標。

　　巴西的塞氏企業是個生產多種機械設備的大型集團。幾年前，理查·塞姆勒從父親手上接下塞氏時，它還是個傳統的家族企業。塞姆勒深信擁有紀律的高壓管理能創造效益，精明強幹的經理也可以主導業務。但在一次生病後，塞姆勒產生了全新的想法。塞姆勒採取的第一個步驟就是取消公司所有的規定。他認為規定只會使奉命行事的人輕鬆愉快，卻妨礙彈性應變。在塞氏，每位新進入的員工都會收到一本 20 頁的小冊子，重點提醒大家用自己的常識判斷解決問題。

　　現在塞氏企業的工人已經可以自訂生產目標，不需管理人員督促，也不要加班費。主管們也享有相當大的自主權，自行決定經營策略，不必擔心上級的干預。最特別的是，員工可以無條件地決定自己的薪水。因為塞氏主動提供全國薪水調查表，讓員工比較在其他公司擁有相同技術和責任的人拿多少薪水，塞姆勒毫不擔心有人會獅子大開口。事實證明，要某些人提高自己的薪水還得花上好一番功夫呢。工人們

也可以自由取閱所有的帳冊，公司與工會設計了專門課程，教全體員工如何看各種財務報表。

塞姆勒不像別的老闆那麼勤於去辦公室。早上他多半在家裡工作，因為他認為那樣比較容易集中精神。他也鼓勵公司其他經理在家裡工作。此外，他每年至少出外旅行兩個月，每次旅行決不留下任何聯絡的電話號碼，也不打電話回公司，他希望塞氏的每個人都能獨立工作。每週三下午總會有幾十個世界各大著名企業，如通用汽車、IBM、柯達、雀巢等公司的主管來到巴西的聖保羅市郊，參觀塞氏這種全新的管理模式。但不管怎麼講，更令參觀者驚訝的是，在經濟不景氣、經濟政策混亂的大環境中，塞氏近幾年來的經濟增長率高達600%，生產力提高近 7 倍，利潤上漲 5 倍。巴西一家主要雜誌對大學應屆畢業生所做的調查中，25%的男生和13% 的女生都說塞氏是自己最想進的公司。

給職位就要給權力，這是管理工作的需要。現代化管理面臨千頭萬緒的工作，即使管理者有天大的本事，光靠自己一個人也是絕對不行的，必須依靠各級各部門的集體智慧和群體功能。這就要根據不同職務，授予下屬以職權，使每個人都各司其職，各負其責，各行其權，各得其利，職責權利相結合。這就能使管理者擺脫事務，以更多時間和精力解決帶有全域性的問題。所以與職務相應的權力不是管理者的恩賜，不是你願不願意給的問題，而是職務的孿生兄弟，職權是搞好工作的必需。

那麼，管理者如何授權呢？授權的方法有四點：

一是授權者要注意激發受權者的責任感和積極性。授權的目的是要下屬憑藉一定的權力，發揮其作用，以實現既定的領導目標。但如果受權者有權不使，或消極使用權力，就不能達到這個目的。因此必

須制定獎懲措施，對受權者進行激勵，引入競爭機制。

二是要給受權者明確的責任。要將權力與責任緊密聯繫起來，交代許可權範圍，防止受權者使用權力時過頭或不足。如果不規定嚴格的職責就授予職權，往往成為管理失當的重要原因。

三是要充分信任受權者。與職務相應的權力應一次性授予，不能放半截留半截。古人云：「任將不明，信將不專，制將不行，使將不能令其功者，君之過也。」管理者給職不給相應的權，實際是對所用之人的不尊重、不信任。這樣，不僅使所用之人失去獨立負責的責任心，嚴重挫傷他們的積極性，一旦有人找他們，他們就會推說：「這件事我決定不了，去找某主管，他說了才算。」

四是授權要注意量體裁衣。要根據受權者能力的大小，特別是潛在能力的人小來決定授職授權，恰到好處地讓每個受權者挑上擔子快步前進，不要有的喊輕鬆，有的喊壓死。

管理者管人是否得當，就是看被管人根據所授予的職權，在實際工作中能否恰到好處地行使權力、勝任職務。管理者務必慎重地、認真地對待用人盡職問題。那些以「辛苦」為榮，以「忙碌」為績的管理者，應少做一些作繭自縛忙自己、包辦代替抑人才的傻事，多一些大膽放權的開明之舉，集中精力想大事，抓大事。

如何更有效地發揮下屬的積極性、創造性，這在現代企業管理中，是一個令企業領導感興趣的問題。從某種意義上來說，管理者傾向於把目光集中在那些手頭上急需處理的事情上。如果我們想盡快完成某一項工作，最好自己親手去做。但是，作為管理者，我們不僅要對工作進度負責，更應該對員工的發展負責。有了有效的授權，員工的工作技能才能逐漸提高，才能營造出一種珍惜權力、善用權力的工作氣氛，並逐漸提升團隊的戰鬥力。

授權也應因人而宜

　　大多數企業的員工不會個個出色，公司中總有這樣或那樣令人不太滿意的員工。如能根據每個員工的特點及管理者的戰略思路對所有員工都適當授權，不僅能大大提高管理者的工作效率，克服總是使用「得力」員工所帶來的負面影響，還可以化腐朽為神奇，促進團隊作風的形成，使整個公司的工作事半功倍。從理論上講，在一個較為完善的公司裡，應由哪些人接受授權，應該是早已確定的、有一定規則的。作為管理者，如果你偏離了這一規則，而又沒有足夠的理由，就可能傷害一些下屬的感情。

　　唐太宗常常告誡群臣說：「選用精明強幹的官員，數量雖少，效率卻很高，如果讓唯唯諾諾的無能之輩占據高位，數量再多，也是人浮於事。」唐太宗經歷過隋朝末年的動亂，親眼看到號稱「甲兵強盛」的隋王朝，在農民起義的風暴中傾倒瓦解，看到隋王朝官府由於人員繁多，辦事拖拉，給老百姓帶來的災難。鑒於隋朝傾覆的教訓，他決定改革官制，堅持「官在德人，不在員多」的方針。他認為任用官員，寧願少而精，不願多而濫，重要的是注意經常考核官員的德才。

　　唐太宗把沒有真才實學的人，比作在地上畫餅，只能看，不能食用。他責成房玄齡負責調整規劃州縣的行政區域，減少贅員。唐太宗還親自督促削減中央政府機構，把中央文武官員從兩千多人削減為六百四十三人。他還提倡對年邁體弱的官員給予妥善的安排和榮譽，使他們樂於讓賢，讓更多年輕有為、辦事幹練的人有機會為國效力。

　　唐朝中央最重要的機構有三個：中書省，負責對軍國大事提出處理意見，替皇帝起草文書；門下省，負責審議中書省和有關方面的意

見奏案等，如果發現有錯誤要予以指正；尚書省，是執行機關。這三個機構互相制約，為的是把事情處理得周到些，少出差錯。唐太宗非常重視中央行政機關負責人員的德才，配備得力幹練的官員，作為中書省、門下省、尚書省的主要長官，強調各個機構要各負其責，不許馬馬虎虎，互相推諉；不許互相掣肘，故意刁難；要秉公執法，不徇私情。

唐太宗曾對大臣們說：「中書省、門下省，是重要的機關，都要選拔有才能的人來主持。皇帝的指示、文書，如有不妥之處，請諸位大臣提出意見再議。近來，有些大臣只是順從我的旨意說話，唯唯諾諾，不負責任，沒有人提出不同意見，難道能這樣為官嗎？如果不認真考慮政事，只是在決定、文書簽字蓋章，上來下發，三歲小孩都會做。從今以後，如果朝廷的決定有什麼不適宜的，各位大臣請直言相告，不得明哲保身、佯裝不知！」

唐太宗唯恐治理國家出現失誤，總是強調為官一定要「善政」的問題。有一次，他對大臣們說：「設置中書省和門下省，本來為的是防止差錯。人的意見有所不同，有的贊成，有的反對，這是正常現象，只要是為了公事，都應坦率地提出來。可是，有的人偏袒自己的短處，別人提出不同的見解，就懷恨在心，有的人怕丟面子、失去威望，明知事情不能那麼辦，也含糊其辭，不了了之。這樣的官員為了不得罪人，竟害了天下的百姓，這實在是國家的附贅懸疣，一定要謹慎防範呀！諸位大臣要大公無私，議論朝政得失要酣暢淋漓，萬萬不可異口同聲、唱一個調子。」

多年來，由於唐太宗堅持「官在德人，不在員多」的主張，唐朝貞觀年間，出現了官員精幹、政治清明、生產發展的局面。唐太宗所提倡的「精官」與「善政」一直為後代所稱頌。

跳槽危機
要與他並肩殺伐，或看他叛逃敵方？

　　在管理者授權的人選中，有兩類人是最重要的，這兩類人也常常被管理者稱為「得力人選」。這兩類人，其一是「法定」代理人。這個人不一定能力最強，但地位或資歷僅次於最高管理者，一旦最高管理者不在，從感覺上，他當然地應該充當維持局面的角色。可以向代理人分流的工作以榮譽性工作、充數性、維持性的工作為主，比如：出席一些二流會議，接待一些不那麼重要卻非見不可的來訪，在你外出時（哪怕是極其短暫）為你看看攤子等等。其二，是潛在「接班人」。他們不一定是代理人，但卻極具資質和潛力。可讓他們參與並為你分擔一些重要工作的預案準備、前期鋪墊及後期收尾工作，更成熟時，可獨立、半獨立地從事一些較重要的專案。從組織學角度來看，潛在接班人的最佳人數應為兩人，發揮到競爭和「備份」的作用。

　　上面這兩類人是最重要的少數人，除此以外，在組織中，都或多或少地存在著下面這幾類人物：

　　精幹型人物。這類員工的特點是能耐不小，狂妄自大，不太聽話。對這種情況，「現代管理學之父」彼得·杜拉克說過：「一個有成效的管理者應該懂得，員工得到薪酬是因為他能夠完成工作而非能夠取悅上級……一個完美無缺的人，實際上不過是個二流人才。才幹越高的人，其缺點往往也越顯著。」對這種人，你首先要多多委以重任（如重要專案策劃等），經常鼓勵並與之溝通；但一旦犯了錯誤，應該嚴屬批評，不過同時也要暗留餘地和面子，一般不要當眾批評。所謂「恩威並重」才能收為己用。

　　半瓶子水型人物。這類員工的特點是有一定的業務能力，但「成事不足、敗事有餘、毫不利人、專門利己」，而且經常「嫉賢護能、煽風點火」。對這種員工依然可委以一些較為重要的工作，但必須與之講明你將進行檢查之處，並加強監督和批評；如有可能，應盡可能

列出詳細的專案檢查要點清單，定期或突襲按項目逐一檢查；也可考慮派「法定」代理人代你側面監督，但僅限向你打「小報告」，不宜直接介入其事。

厚道型人物。厚道的特點是踏實加令人無奈的平庸，缺乏自信。可將你手中已完成的「套路」類工作交給他，並每完成一項，就大加鼓勵，使之逐漸樹立自信，再逐漸增加工作的難度。

生手。沒有一個人不是從生手開始的。雖然「不把工作交給會給你添麻煩的人做」是效率上一個重要的信條，但你若不對生手進行培養，他永遠也成不了「熟手」。生手的優點在於熱情高，往往能夠從新的角度提出和處理問題。如能適當委派工作，是發現人才的一個非常重要的途徑，並有提高士氣之功效。對於委派新手從事「你才能做的工作」，應格外予以關照，給予鼓勵和指導，並儘量明確告訴他何時何地可以得到何人的何種援助。

馬屁精。作為主管，光能用賢還不行，應該學會奸賢並用。當然，這類人才不可太多，但也不可或缺，他們可增進你與其他部門的協同能力，進而放大你部門的工作效果。

俗話說：一樣米養百樣人。你不可能以一付「模子」來套用所有的人，反過來說，如果真的在你的組織裡只有一種類型人的話，那麼你所領導的組織一定會是一潭死水，毫無生氣。授權要因人而宜，重在「物盡其用」上，這樣大家才會為著一個共同的目標而各盡其能。

大膽授權

杜邦公司總裁科爾曼‧杜邦認為：「一旦我讓某個員工負起責任，我不會關心他每天工作 10 小時還是 1 小時。當然，我承認，我從未聽說過有哪個員工一天只工作 1 小時就可以得到好的工作效果。我從不監視員工的來來往往，我只查看結果。如果他的工作結果令人滿意，那他花在辦公室的時間是多是少，或者是否經常打高爾夫球又有什麼關係呢？人若被允許完全放開手腳工作，就可以創出最佳成績。必須允許他按自己的方式去做事，並授予他決策的權力。我從不替任何下屬做出決定，他們必須自己決定，不然我為何讓他們對結果負責？難道你不明白，惟有在這種體制下，在取得成功的時候他才會真正感受到獲取的榮譽屬於他，而不是我。這比任何其他方式都更能培養人才。」

也正是這樣的老闆，才使得員工們幹勁十足，並富有責任感，不用上司催促，每個人都惦記著自己的工作，知道該什麼時候完成，該怎樣完成這些工作。

實際上，每個人都有獨立操作某件事的慾望，不喜歡別人對自己指指點點，更討厭別人對自己說三道四。高明的管理者懂得員工的這種心理，放權給他們，滿足他們的權力慾望，激起他們的興奮點，他們便會發揮出自己的全部潛力，做出連他們自己也不敢想像的大成就。而他們的成就，就是公司的成績。

台數集團的老闆王建明只有小學畢業，他的公司卻是一個擁有五大知名品牌、十餘家分公司的民營企業集團。公司能夠取得這樣的成績，原因之一就是王建明敢於授權。他自己任董事長，只抓大的決策，

公司的日常工作由副總經理簽字決策。授權不僅讓中層幹部的積極性得到提高，而且還真正負起了責任，公司運轉得非常高效。因為能夠充分授權，一大批博士、碩士、工程師甚至法國專家都紛紛投靠王建明。得人才者得天下，台數集團以前所未有的速度起飛。

有職有權實質上就是授權，老闆讓員工在一定時間內代自己行使某一方面的權力。任何企業管理者的時間、精力都是有限的，只有透過對員工的充分授權，才能使企業有更大的發展。

授權不是權力的喪失，而是權力的分配與轉移，是科學地運用權力。「大權獨攬，小權分散」的領導方法，因為這樣可以有更多的精力來把握方向、抓住中心，做好全域工作。

「靈活處置，不要請示」就是授權。比爾·蓋茲很早就把大權交給了史蒂夫·志明默，讓其擔任總經理，自己做「首席架構師」，充分發揮自己對技術趨勢很敏感的長處。老闆能大膽授權是一種必要的管理方法和工作方法，是靈活地運用權力。老闆們的能力再強也有不足之處、精力再好也不可能事必躬親，透過授權，既可以透過使用優秀員工的智慧來彌補自己某方面的不足，又能夠大大節約自己的時間。

宏大集團在生產一線實行「權力委讓，重心下移」的管理措施。他們將工廠劃分成若干個作業區，每一個作業區委任一名作業長，作為生產一線的經營管理者。隨後，工廠廠長將生產指揮、人事調配、獎懲等權力下放給作業長，任何人都不得越級指揮。作業長一下子變得有職有權了，從而產生了成就感、榮譽感，並由此而產生了高度責任感，從而全身心地投入到工作之中，公司的生產效率因此提高了很多。

授權是企業家最重要的能力之一，授權不僅是一門科學，也是一種藝術。授權得當與否體現了一個企業家的管理才能，正如韓非子所

跳槽危機
要與他並肩殺伐，或看他叛逃敵方？

說：「下君盡己之能，中君盡人之力，上君盡人之智。」敢於授權並善於授權，既是一個管理者成熟的表現，又是一個管理者取得成就的基礎和條件。如果一個企業家能夠運用好授權藝術，發揮授權的效用，不僅有利於與下屬建立良好的信任關係，激發員工的工作積極性，提升團隊的戰鬥力，而且，正確的授權可以使企業家從繁雜的事務中解脫出來，博採眾長，集思廣益，使決策更加科學化，使集體的力量得到充分發揮，使團隊能夠高效運轉。

　　有效授權給企業帶來的好處是眾所周知的，但並非所有的老闆都能做到有效授權。據某人力資源開發網的調查顯示，只有 20% 受訪的企業的中高層管理者對自己的授權管理感到「滿意」或「比較滿意」，這個數字說明很多企業家不得不面對一個現實的問題：該如何進行有效授權？

　　授權時要將責任和權力一起交給下屬，讓下屬有職有權的同時還得有責，做到職、權、責三者的有機統一。戰爭年代，如果部隊某一級的指揮官犧牲，上級馬上指定一個人代理排長、連長或更高級的職位。這些受命於危難之時的軍官或士兵，往往能出色地完成任務，創造出驕人的戰績。道理何在？就是高度的信任會讓精神力量轉化為物質力量，被信任者會以全部的智慧和力量，去千方百計地完成任務。

　　美國第三十二任總統羅斯福說：「一位最佳的管理者，是一位知人善任者，而在下屬甘心從事於其職守時，主管要有自我約束能力，不可插手去干涉他們。」日本「經營之神」松下幸之助說：「最成功的統馭管理是讓人樂於拼命而無怨無悔，實現這一切靠的就是信任。」只要看准了人才，就大膽地提拔使用，使他們信心十足地發揮自己的潛力。所以，無論何時何地，信任都是老闆管理好企業的重要手段。

第四章
缺乏激勵導致人才流失

　　企業缺乏健全的激勵機制，最容易消磨員工的鬥志，遞減員工的創造激情。當一個員工的工作激情衰減到對企業的危機無動於衷時，這家企業也就同步衰敗了。這也是許多優秀員工流失的根由。這種情況下，只有合理地運用激勵，員工的潛能才會被激發出來，他們的聰明才智才會更有用武之地。

真正的激勵

　　如果整個企業的員工如同一灘死水，毫無生氣，工作動力不足，戰鬥力薄弱，那麼在當今競爭激烈的市場環境下，這樣的企業隨時面臨著覆滅的危險。原因究竟是什麼？很多老闆抱怨員工偷懶、素質差、能力低、意志低落，他們認為，其原因是員工自己對工作缺乏正確的認知。可是根本原因是這樣嗎？

　　能否成為一個真正的管理者，一方面要有優秀的工作能力和競爭意識，努力使自己的願望變為現實；另一方面則要有高超的領導員工的技巧，使每一個員工都人盡其才，才盡其用。古代的謀略家提出：用人之術，收心為上，收身為下。要想真正得到一個員工的忠誠與歸順，必須從情感和良知上征服他。員工好比一塊原石，管理者必須雕琢它，讓它產生價值，變成美麗的工藝品。在這裡，雕琢就是激勵。有人說：過度的壓力可以讓天才變成白癡。適當的激勵卻可以讓白癡變成天才。

　　有的老闆認為：薪水激勵不僅保證了員工的基本生存，而且還體現了工作的價值，多勞多得，有能力者多得，對公司貢獻大者多得。當然這種勞動價值還與公司的業績直接相關，公司發展快，盈利不斷增長，那麼員工的薪水就高，體現出來的勞動價值也就高，所以從這個層面上講，薪水還使員工分享了企業的成長成果，讓自己的勞動價值在公司的成長和壯大中得以體現。一個公司要發展壯大，必須得讓員工分享公司成長的成果。沃爾瑪就是這樣一個從一家小百貨店開始創業成長為世界巨頭的公司。

　　沃爾瑪為了使員工能與企業共同成長，公司員工被稱為「合夥

人」。這一概念具體化的政策體現為三個互相補充的計畫：利潤分享計畫、雇員購股計畫和損耗獎勵計畫。1971 年，沃爾瑪實施了一項由全體員工參與的利潤分享計畫：每個在沃爾瑪工作兩年以上並且每年工作 1000 小時的員工都有資格分享公司當年的利潤。截至 20 世紀 90 年代，利潤分享計畫總額已經約有 18 億美元。此項計畫使員工的工作熱情空前高漲。之後，沃爾瑪又推出了雇員購股計畫，讓員工透過薪資扣除的方式，以低於市值 15% 的價格購買股票。這樣，員工利益與公司利益休戚相關，實現了真正意義上的「合夥」。

另外，沃爾瑪公司還推行了許多獎金計畫，最為成功的就是損耗獎勵計畫。如果某家商店能夠將損耗維持在公司的既定目標之內，該店每個員工均可獲得獎金，最多可達 200 美元。這一計畫很好地體現了合夥原則，也大大降低了公司的損耗率，節約了經營開支。在沃爾瑪，管理人員和員工之間也是良好的合夥關係。公司管理人員的紐扣上刻著「我們關心我們的員工」字樣；管理者必須親切對待員工，必須尊重和讚賞他們，對他們關心，認真傾聽他們的意見，真誠地幫助他們成長和發展。

一個只講物質利益不講使命的企業，肯定走不遠的；但一個只講奉獻不談物質利益的企業，在現實生活中也生存不下去。

薪水對於激勵員工來說非常重要，但並不是說越高越好，因為公司不可能有這樣的財力，那麼這就有一個問題：薪水在什麼程度上算合理呢？合理就是要給員工以滿意的薪水。

埃克森美孚是按照這樣一個原則來設計員工薪水的：從上世紀初期在美國德克薩斯第一次發現石油開始，埃克森美孚就一直在石油競技場上逆風前進，目前，該公司是美國當前原油和天然氣最大的生產商之一。埃克森美孚公司成立至今，已有 100 多年的歷史，該公司的

跳槽危機
要與他並肩殺伐，或看他叛逃敵方？

高速發展不僅使其成為能夠影響世界石油及其產品發展的重要力量，而且對世界發達國家的工業也構成了不可輕視的勢力。公司的迅速發展，從某個方面來說，是與他們合理的薪水制度分不開的。埃克森美孚的薪水制度所遵循的原則很簡單：「讓員工滿意！」而所謂的讓員工滿意並不是說員工的薪水無限制的高，也不是說員工希望自己的薪水是多少就是多少，而是說員工在對於自己所得的勞動比較自己的付出的時候是滿意的。每一個員工都會認為自己在付出這樣的勞動之後所獲得的薪水是合情合理的。為了達到這一點，埃克森美孚公司可謂是下了一番苦功夫。首先他們遵循公平的原則，不會讓員工覺得另外一個員工付出了比自己少的勞動卻獲得較多的薪水，引發員工的不滿；同時，埃克森美孚還注意對員工們的基本生活進行保障；另外，埃克森美孚又注意薪水的梯度性，讓員工之間有一個相互追趕的方向和目標。

合理的薪水可以激勵員工，但金錢的效力仍有一定的限制。著名的激勵大師費洛·韓特有一段演講內容道出了「金錢激勵法」的弊端所在，他說：「如果我們完全依賴這種方法來激勵員工，那麼當員工的某一項需求被滿足後，就得不斷傷腦筋去推出新的誘因，以便進一步激勵員工。假如到最後，一個人的需求已經完全被滿足，那任何的誘因都將夭折，而這個方法也就宣佈失敗了。」在《優質的領導》一書中，作者為「金錢激勵法」的限制性做了最佳的補充說明：「表揚和獎勵，做得更盡善盡美的方法是：讓員工參與，獎勵公開，金錢和非金錢並用，經常變更獎勵方式，內容多樣化。單靠金錢因素並不能完全激勵員工的工作情緒。原因之一是，員工很重視他和他的工作夥伴之間的關係，這可不是金錢能完全取代的；再者，金錢不能激勵員工的另一個理由，則與心理因素有關。一般人在達到一定的經濟水準之

後，便會轉而追求其他方面的滿足，對他們來說，那些東西比金錢更
具價值。」

　　金錢誘因法並非是惟一能完全引爆員工幹勁的「萬靈丹」，那麼，
請問是不是還有更好的誘因值得我們來加以運用呢？答案是「有」，
那就是尊重，這就是人性激勵法。

　　貝爾實驗室之所以聲名遠揚，碩果累累，是因為貝爾實驗室十分
注重創新精神。在短短的幾十年中，這裡創造出了許多變革電信界的
發明，先後有 11 位科學家在這裡獲得了諾貝爾獎，還有 9 位科學家獲
得了美國國家科學獎，7 位科學家獲得國家技術獎章，有 12 人獲得日
本電腦與通信獎。不容置疑，這裡成了科學領域的權威。所有這些卓
越成績的取得，都離不開科學家們的創新精神。許多人都會不解地問：
「這種創新精神的原動力是什麼呢？」答案很簡單：尊重。

　　貝爾實驗室對科學家們的尊重體現在以下幾個方面。首先，寬鬆
的研究環境有助於科學家的工作。由於這裡研究經費充足，實驗室並
不要求科學家們的研究成果立即投放市場，以實現它們的價值。其總
裁艾閏博士認為，成功應該是多樣的，市場的成功可以稱為成功，而
對於一些有價值的研究，即使未能形成產品，也是非常了不起的成功。
其次，貝爾實驗室十分重視個人的興趣，艾閏博士說：「在貝爾實驗室，
個人的特長、興趣與研究方向都得到了鼓勵與尊重，科學家不會被強
迫做某一個項目，他們可以自行選擇有研究價值的課題。」再次，貝
爾實驗室「散而不亂」，這裡的科學家十分注重企業精神。艾閏博士說：
「當你不能給予每一位科學家以充分的尊重時，他們必然不能回報實
驗室以積極的熱情。」創新是一項企業活動，必須要講究企業協作。

　　越來越多的激勵專家支持「單靠金錢一項，並不足以引發員工工
作動機」的觀點，並且一致深信「金錢」若能和引發「人性」的事物

結合起來使用，必可達到最高的激勵效果。著名的激勵大師史都·雷文強調：不要用強迫的手段或金錢來領導部屬。他說：「每個人都想要豐厚的薪水、年終紅利、股票分紅，真正的激勵絕非只靠金錢這種東西。而讓他覺得有目標，他所從事的是一項有價值、對雙方都同樣重要的事業，這才是真正能產生激勵的原點。」

激勵要有分寸

　　由於每個人的生活環境不同，所受的教育也各式各樣，企業應該針對不同的員工制訂不同的激勵計畫，採取不同的激勵手段。許多管理者抱怨：我尋找不到始終充滿激情與動力的員工。有時候，招聘來的員工在開始工作時熱情高漲，但是，過了幾個月後，這些員工的工作熱情與動力就會逐漸消失。怎麼使員工保持熱情和動力呢？

　　放言有限責任公司的老闆李曉峰採取了許多提高員工工作動力的方法，他使用過讚揚、獎狀、為員工提供更多的休息時間、比薩派對，甚至用現金作為獎勵。雖然李曉峰煞費苦心，但是員工並不買他的單，員工並沒有因為他的獎勵而提高工作動力。為什麼會這樣呢？因為他犯了激勵管理中的一個通病：沒有因人而異的方式激發員工的動力。最後，李曉峰不得不與所有員工面對面地溝通，詢問每個員工希望從工作中獲得什麼。他經過非常認真仔細地調查研究，最後確定每個員工在工作中尋找到的最有意義的動力源泉。

　　李曉峰與四位員工溝通交流後，得到了三種答案。一名員工希望自己在工作過程中，不斷地提高自己的服務水準，成為服務水準最高的員工。這是她辛勤工作的最大動力；對於其他兩位員工來說，如果有自主決定工作方式的權力，他們才會感覺到自己在工作中的地位與作用；另外一名員工不僅喜歡自己從事的工作，還喜歡與工作有關的社交活動。李曉峰在收集了各種資訊後，就對症下藥地針對不同的員工制訂不同的激勵計畫，採取不同的激勵手段，現在，他所領導的企業具有非常高的工作動力與熱情。

　　讓我們看看最負盛名的動力機制：

跳槽危機
要與他並肩殺伐，或看他叛逃敵方？

　　人類有一種與生俱來的渴望，渴望擁有看得見摸得著的財物（當然，現在人們對一些無形的財產也有占有慾）。人們往往用自己所擁有的財物作為評價自我價值的標準，我們渴望得到房子、汽車、時尚的服裝或者是珍貴的珠寶，為擁有這些財物而引以為豪。同時，人們也渴望擁有無形財產，比如說，自己特有的價值觀與觀念。試想一下，員工最近是不是因為觀點分歧而與你發生衝突？是不是有持不同觀點的人批評你、指責你的信念與思想？在這種情況下，你是不是感覺非常不是滋味？同理，員工在公司也有占有慾。員工希望占有與支配公司的物質與資料；自己的觀點與信念能夠得到別人的認可與支持；自己能夠支配自己的工作，並能夠擁有自己的工作成果。

　　員工們希望管理者尊重他們的工作。當別人認為他們的工作很重要時，他們感覺到無比驕傲與自豪。他們希望自己的工作能夠產生積極的意義，能夠讓他們獨樹一幟，與眾不同。他們希望自己能夠對身邊的重要人物產生影響。他們希望自己的努力能夠取得一定的成果。想像一下，如果這種尊重的動力能夠在公司裡發揚光大，那會產生多麼大的工作激情與動力啊！作為管理者，應該幫助員工創造與發掘機會，這種機會能夠幫助員工釋放出尊重的動力，讓員工體驗到工作的意義，感覺到自己工作職位的重要性。

　　瑪麗·凱公司的老闆瑪麗·凱就是深深懂得讚美的力量的人。「人們嘴上要你批評他，其實心裡只要讚美。」瑪麗·凱認為，人天生就喜歡被人讚美而不喜歡被人批評。所以，她在自己的公司中宣導了一種重要的管理原則——讚美。為了讚美，從瑪麗·凱這位最高主管到最下層的主管，都細心努力地發現每一個員工的優點，不放過任何一個機會給予讚美。有這樣一個小例子：業務督導海倫新聘一位美容顧問，這位顧問講了三個晚上的美容課，卻沒有賣出一美元的化妝品。在第四

次課上，她賣出了 35 美元的產品。儘管這 35 美元的產品和其他顧問一次賣出了一兩百美元的美容產品相比，算不得什麼，但海倫卻大加讚賞：「你的美容課賣出了 35 美元，實在太棒了！你會很有前途的。」這樣的讚美，使這位美容顧問很受鼓舞，從此與美容業結下了不解之緣，一直做了下去，並升做了業務督導。瑪麗·凱認為，讚美具有樹立個人自信心的神奇力量，一個人如果每一個小成就都受到了讚美，他就會有信心去嘗試爭取更大的成就。在瑪麗·凱的公司裡面，數以千計的業務督導，都是在不斷的讚美聲中走向成功的。緣於此，瑪麗·凱化妝品公司的銷售網路得到了不斷的擴展。

為了讚美，瑪麗·凱甚至出版了一本名叫《喝彩》月刊的雜誌。《喝彩》雜誌主要是對銷售、招募新人、企業主管方面有傑出表現的前 100 名員工給予讚美。幾十萬名職工無不企圖躋身其中，因而在工作上你追我趕，公司事業蒸蒸日上。「讚美是一種有效而又不可思議的力量，很不幸，許多管理人員不願意加以利用。」瑪麗·凱肯定而又遺憾地說。

從本性來說，人是一種群居的動物，喜歡在某一個群體中生活。在大學裡，有男生們組成的兄弟會，也有女生們組成的姐妹會。在社區服務裡，有扶助社、同濟會，還有其他各類組織。我們看到，在老年人居住的地區有各種各樣的組織，熱愛保齡球的人組成聯盟，專業人士組成小社團。辦公室也是一個交際的平台，在這裡，管理者應該鼓勵員工進行交流，培養員工的企業精神，讓他們產生歸屬感。實際上，對於一些員工來說，辦公室是他們最重要的交際場所。

每個員工都渴望成功。取得成就後，也就有了成功的體驗。成功會滋養一個員工的自信心，促使他取得更大的成功。在工作中，員工都喜歡挑戰某一個既定的目標，在實現了一個目標後，就會向更高的

目標前進。但是，要取得成績談何容易。需要付出艱辛與努力，需要有毅力與決心，需要堅持不懈、百折不撓。一個人在取得成就的同時，內心也會覺得愉悅，他會為自己的努力感到無比自豪。在辦公室裡，管理者要及時地認可與讚揚員工所取得的成就。所有人取得成就後都喜歡他人由衷的欣賞與讚美。

大多數人都渴望得到支配別人的權力，擁有無人企及的權威地位。但是，當我們的面前有得到權力與權威的機會時，我們卻因為懼怕失敗與付出而主動放棄這個機會。在管理界，大家都耳熟能詳的一個新理念就是授權。但是，員工的表現卻讓人大失所望，他們在工作中並沒有流露出對授權的渴望，有的員工甚至表現出對授權的厭惡情緒。從本性上來講，所有人都討厭外部的控制。但是，當員工得到授權，能夠主動地打破外部的控制與約束時，反而不願意破壞它。這是為什麼呢？這是公司規章制度長期約束帶來的結果。公司的規章制度告訴我們應該做什麼，不應該做什麼。公司冰冷剛性的規章制度往往讓那些強勢的權力黯然失色，讓權威人士束手無策。管理者應該透過授權來促進員工的發展，而不是在授權的同時，又用公司的規章制度與機制體系來約束員工的手腳。

所有員工都希望自己成為某一領域的專家與能手，這是不言自明的事實。他們希望透過自學或者向別人學習，來提高自己的技能，以便更高效地完成任務。在培養自己的技能，提高自己能力的過程中，員工樹立了自尊，在不斷學習的過程中，他們能真切地感覺到自己不僅是有能力的人，而且是掌握嫺熟技術的人，從而會更珍惜當前的工作平臺，不會輕易地放棄。

靈活多變的激勵藝術

　　激勵功能是老闆工作的一門藝術。不管你的公司是大還是小，作為一位老闆，應充分運用激勵藝術，在不同情況下運用不同的激勵方式，最大限度地發揮員工的積極性、主動性和創造性。

　　激勵是合乎人性的領導法則。適當得體的激勵會使員工感到開心、快樂。這時候，你會聽到這樣的心聲：「他很清楚地讚美了我的表現。我就知道他是在真摯地關心我，尊重我，並且很熟悉我的工作。」同時，你會得到意想不到的回報，那就是當員工感到自己的表現越來越受到肯定和尊重時，他們會以感恩之心表現得越來越出色，越來越精彩。因此我們要多激勵、少批評，一有機會就激勵你的員工，永遠不要嫌多。另外，激勵員工的方式要恰當，用坦誠的語言、真摯的微笑、欣賞的眼光等讚美他人。

　　每個員工都希望得到老闆的讚揚。但是，如果只是一味地讚揚，也不見得就是好事。如果一個員工只是生活在被稱讚的蜜糖當中，長此以往，勢必會養成自高自大、目空一切的態度，而且很容易喪失工作的鬥志，也會失去生活的下一個目標。在這個時候，就應該給予他必要的壓力。有壓力，才會使他不在現實中慢慢地腐朽，才會使他始終保持著昂揚的鬥志。因此，給員工一定的壓力，其實也是一種激勵的方式。

　　有一天，最善於相馬的大師伯樂在集市上選了一匹青鬃馬。他說：「只要經過訓練，這匹馬一定可以成為千里馬。」可是，一個月過去了，又一個月過去了。無論伯樂採取什麼辦法，青鬃馬的成績始終不理想。每日的奔跑距離，總是徘徊在 900 里左右。伯樂對青鬃馬說：「夥計，

跳槽危機
要與他並肩殺伐，或看他叛逃敵方？

你得用功啊！再這樣下去，你會被淘汰的！」青鬃馬愁眉苦臉地說：「沒法子啊，我已經盡最大的努力了。」伯樂問：「真的嗎？」青鬃馬說：「真的，我把吃奶的力氣都使出來了。」新一天的訓練開始了。青鬃馬剛起跑，突然背後響起一聲驚雷般的吼叫。青鬃馬扭頭一看，一頭雄獅旋風般地向它撲來。青鬃馬大吃一驚，撒開四蹄，沒命地狂奔起來。晚上，青鬃馬氣喘吁吁地回到伯樂身邊說：「好險！今天差點餵了獅子！」伯樂笑道：「可是，你今天跑了 1050 里！」「什麼？我今天跑了 1050 里？」青鬃馬望著伯樂，伯樂臉上掛著神秘的笑容。青鬃馬心中豁然一亮。從此，它一上訓練場，就設想有一頭獅子在後面追。後來，它果然成了一匹千里馬。

或許有的人一聽到「壓力」這兩個字就會皺起眉頭，以為壓力所代表的就是一種打擊，是一種讓人喘不過氣來的力量。殊不知，壓力還有另外的一面，壓力是防止生活僵化的防腐劑，壓力還是刺激人們奔向成功的興奮劑，壓力還是幫助人們走向輝煌的助推器。就好像寓言中的那匹千里馬一樣，在沒有感覺到壓力的時候，它總是不能發揮出自己的潛能，並且由於一直不能取得效果，還導致他對自身能力產生了懷疑。但是，在獅子出現之後，這匹馬終於發揮出了其千里馬的潛能。所以，必要的壓力，也可以取得極好的激勵效果，甚至比其他的激勵方式更加立竿見影，更加明顯。

因此，壓力激勵能使得職工有危機意識，不滿足於企業在本地、本行業現有的地位，不滿足於自己現在的工作成果和效率，從而更能激發生命的潛能和主動性，創造出奇蹟。

同時，在管理過程中還要對員工使用靈活多變的激勵藝術。

分配工作時，發問式激勵。分配工作只會發號施令的管理者，往往會扼殺員工的積極性，是難以激發員工的工作熱情。現代管理研究

顯示，以發問式分配工作，可以使管理者與員工之間的距離拉近，充分利用人的自尊心、榮譽感，使其潛在的能力得到最大的發揮。

委派任務時，授權式激勵。管理者的職能不僅在於做事，更在於成事，在於謀略、決斷、協調。分配員工任務是授權管理工作的重要組成部分。分配員工任務，就意味著員工要承擔一定的責任，這時主管就應授予相應的權力，允許他正確行使權力，不加干預。如果管理者放手不放心，委任不授權，則員工在完成任務的過程中，可能會事無巨細樣樣請示，貽誤時機，也可能因責、權不統一而產生逆反心理，消極怠工，這樣，預期的工作必定會難以落實。

參與式激勵，這也是一種比較有效的激勵方式。行為科學表明參與管理、參與決策是人類自我實現的一種需要，也是精神方面的一種高層次需求。管理者在決策過程中要養成民主作風，爭取更多的員工貢獻出自己的主意和想法，這是激發員工的責任心、榮譽感和團結合作意識的最有效的方法之一。在任何一個企業中，管理者和員工群體相比，其智慧總是微乎其微的。只有讓多數員工明白企業的目標，並為他們創造獻計獻策的機會，才會誘發出許許多多高明的創見和有價值的建議，從而使決策更為科學，使目標更切合實際。

評價功過時，要採取期望式激勵。每個員工在取得成績後，總會期望得到恰如其分的評價和適當的鼓勵，而一旦發生某種過失時，最擔心的莫過於人們的冷淡。這時候，管理者若能及時給予適當的鼓勵和熱心的幫助，對其發揚成績或改正缺點，往往會起到一種積極的作用。

滿足需求時，層次式激勵。人的需求是有層次的，當一種需求得到滿足後，便不再是激勵的因素，此時就會有另一種更高層次的需求出現，成為一種新的激勵起點。作為管理者，要因勢利導，循序漸進，

跳槽危機
要與他並肩殺伐，或看他叛逃敵方？

根據實際情況，在不違背原則的基礎上，盡力滿足員工的需求。需求層次的滿足程度越高，員工的主觀能動性就越大。

喚起員工的激情

　　身為企業老闆，當你抱怨員工的時候，有沒有想到應該換位思考？試想一下，如果你是一名普通員工，你不願意努力工作以取得更高的薪水嗎？你情願自甘墮落，碌碌無為嗎？你不願意將工作視為一種樂趣嗎？你不願意為企業創造更大的價值，贏得別人的尊重嗎？你不願意成就一番事業嗎？事實上，每一名員工的內心都渴望實現自我價值，都渴望在企業內表現得更加優秀，這是每一個人的本性，就像春夏秋冬四季輪轉一樣。導致員工工作動力不足的根本原因是沒有喚起他們內心的激情。

　　說到喚起員工們的工作熱情，許多老闆認為：除了物質激勵，再沒有更好的方法了。其實，老闆做事公平也是一種激勵。我們有時候會在企業中聽到員工這樣的言論：「某某就是仗著主管對他的偏愛，才這麼囂張。哼，真是看不起他……」這樣的話，表面上看是對某某的怨氣，但是在員工的心裡，其實也有對於主管的不滿，只是沒有說出來而已。

　　如果聽到員工有這樣的言論，那麼管理者就應該仔細反省一下自己了：自己是否真的對某某過於袒護？如果是就應該改正。因為這樣下去，就會打擊到其他員工的工作積極性。員工們可能會認為：「既然你那麼袒護某某，那麼我們都不必用心替你工作了，全部都交給某某一個人完成好了。」員工當中出現這樣的心理，對於企業的發展當然不是一個好徵兆。同時，對於主管所器重的那名員工而言，這也不是一件好事。因為，在管理者的一味袒護下，就無形地把他和其他員工劃清了界限，慢慢地他就會被孤立起來。對他來說，也是一種傷害。

跳槽危機
要與他並肩殺伐，或看他叛逃敵方？

　　老闆不能憑著個人情感喜好，而對企業中的某些員工表現出不公平的對待。公平對一個企業來說是一種不可破壞的平衡。公平可以使企業員工相互協作得更加緊密，使企業員工感到每個人都是企業中十分重要的一份子。避免出現因為個別人跟老闆關係較好，使得員工相互猜忌。

　　晚飯後，母親和女兒一塊兒洗碗盤，父親和兒子在客廳看電視。突然，廚房裡傳來打破盤子的響聲，然後一片沉寂。兒子望著他父親，說道：「一定是媽媽打破的。」「你怎麼知道？」「她沒有罵人。」

　　在生活中，我們常遇到這樣的例子，家長對孩子總是執行兩套標準。孩子犯錯給予嚴厲的批評，自己犯錯卻無關緊要。家長式老闆同樣要思考這樣一個雙重標準的問題。如果存在雙重標準，員工會感受到不公平，同樣的考核體系、獎懲標準，因為地位、職能的不一樣而失去應有的公平。多數企業老闆都是嚴於他人，寬於自己。這樣，整個企業制度的假公平就成了員工抵觸情緒的一大來源。這樣的管理者得不到員工的信任與支持，員工也不願意執行相關規則。公平還要求企業管理者必須實行等距外交。在工作環境中不建立其他任何私人關係，平等公平地對待每一個員工。可口可樂公司要求企業管理者不能與企業中的任何員工私下交朋友，下班之後也不得私下與企業員工聚會。這樣嚴格的要求表明可口可樂公司十分重視企業的公平性，避免了一系列因管理者與員工私下交往而帶到工作中的麻煩及問題。

　　企業管理者也需要巧妙地運用公平。當企業員工發現自己的付出與回報相比出現不公平時，會做出行動來調整這種不公平。管理者首先要保證考核投入與回報的環節是公平的，當產生不公平時，管理者需要指導員工從自身找原因，並加以糾正。避免出現員工因為感受到不公平而曲解或報復他人的現象。

　　優秀員工工作動力的真正源泉是什麼？老闆要想讓自己的企業產生高績效，必須正確地回答這個問題。「欲流之遠者，必浚其泉源。」只有解決了員工們工作動力之源的問題，正確地運用公平和不公平，促使企業形成良好的競爭激勵，企業才會收穫源源不斷的成果。

　　另外，實施激勵時不能一刀切。當一個團隊的組成者大多是擁有大學學歷、受過良好教育的專業人才，而不是工廠裡流水線上的工人時。他們對自己的專業技能充滿了熱情和自信，在工作中不斷接受挑戰且從中獲得成就感。他們更多的是對自己的專業技能忠誠，而不是對受雇企業忠誠。當專業技能的發展與受雇企業的限制產生矛盾時，他們往往選擇前者。他們看重工作中的挑戰性，自己價值的實現勝於薪資和提升。他們十分看重自己的工作能力，因為能從工作中滿足生活大部分的樂趣。在面對這樣的團隊時，管理者需要不斷給他們添加各種挑戰，在工作中給他們足夠的自主權並鼓勵支持他們嘗試創新；時常提供各種學習、培訓的機會以及重視他們的工作能力和工作成果。

　　當你面對的是教育背景和技能水準都較差，薪資也較低的低職能團隊時，如果組織無法提供更多的金錢激勵，團隊管理者就需要從精神激勵方面著手。經常進行團隊最佳員工評比或使他們的工作更加具有建設性和發展空間。在很多企業中，一線員工的薪資往往不會超過最低水準收入，公司便會採取給一線員工授權，讓他們在解決工作中問題時有更大的自主權。例如，在神腦國際集團中，每個工作職位都經過了重新設計，使工人可以有更多的時間與更多的客人接觸。這些員工可以自行處理好顧客的抱怨與要求，而不需要再層層通報。

　　其實，作為企業的老闆，能做到以身作則也是一種激勵，這很容易取得員工們的信賴和認可。好的管理者要求員工做到的事，自己首先會做到。

跳槽危機
要與他並肩殺伐，或看他叛逃敵方？

　　國內某科技企業在老闆的帶領下，由一個只有 20 萬元資本的企業
發展為今天擁有上百億元的大企業，成為了電子工業的龍頭老大，而
這個老闆也被人們看做英雄，成為一個具有崇高威望的企業管理者。
的確，這家公司能有今天，與老闆的人格魅力和高尚的品格是分不開
的。

　　在公司發展過程中，曾經有這樣一件事。公司有一條規則，開
二十幾個人以上的會遲到要罰站一分鐘。這一分鐘是很嚴肅的一分鐘，
不這樣的話，會沒法開。第一個被罰的人是老闆原來的老主管，罰站
的時候他本人緊張得不得了，一身是汗，老闆本人也一身是汗。他跟
他的老主管說：「你先在這兒站一分鐘，今天晚上我到您家裡給您站
一分鐘。」老闆本人也被罰過三次，其中有一次是他被困在電梯裡，
電梯壞了，他咚咚敲門，想叫別人去幫他請假，結果沒找到人，結果
還是被罰了站。

　　就做人而言，這位老闆有一段很有名的話：「第一，做人要正。
雖然是老生常談，但確確實實極為重要。在一個組織裡面，人怎麼
用呢？我們是這麼看的，人和人相當於一個個阿拉伯數字。比如
說 10000，前面的 1 是有效數字，帶一個 0 就是 10，帶兩個 0 就是
100……其實 1 極其關鍵。很多企業請了很多有水準的大學生、研究
生，甚至還有國外的人才，但企業卻依然做得不好，這是因為如果前
面的有效控制不行，他也是個零。作為‘1’的你一定要正。」這位老
闆是這麼說，也是這麼做的，比如在該企業的「天條」裡，就有一條
是「不能有親有疏」，即主管的子女不能進公司，老闆的兒子是台灣
大學電腦專業畢業的，但是老闆不讓他到公司來工作。正是老闆的以
身作則，公司的其他管理者都以他為榜樣，自覺地遵守著各種有益於
公司發展的「天條」，使得公司的事業蒸蒸日上。

　　振臂一呼，應者雲集的主管，其能力決不是一個老闆職位就能賦予的，沒有追隨者的老闆剩下的只是職權威懾的空殼，也就是說，是追隨者成就了管理者。管理者總是員工目光的焦點，因此，管理者必須以身作則，養成良好的工作習慣和道德修養，因為員工往往會模仿上司的工作習慣和修養。

激勵是一種心理力量

　　為什麼有些公司能興旺發達，事業蒸蒸日上，而有些公司卻處處都會遇到逆境與磨難？原因是很多企業老闆都不懂得實施有效的激勵，他們認為只要給予員工很有競爭力的分紅、股票期權，員工就會老老實實地為企業盡心盡力，任勞任怨，因而從不關心員工的心理狀態，不了解員工還有更深層的需要。歸根究底，是由於企業沒有對員工進行心理上的有效激勵，很多企業和企業經營者還沒有真正認識到心理激勵的重要性。

　　曾經有家公司做過這樣的調查：按時計酬的職工每天一般只需發揮 20% ～ 30% 的能力用於工作就足以保住飯碗。但如果能透過有效的激勵充分調動其積極性，那麼他們的潛力會發揮到 80% ～ 90%，這對於提高企業的勞動生產率的效果而言是可觀的。

　　「經營之神」松下幸之助曾經說過：「欣賞別人的長處比批評別人的短處更容易使人成功。」

　　兩名保齡球教練分別訓練各自的隊員，他們的隊員都是一球打倒了 7 隻球瓶。教練甲對自己的隊員說：「很好！打倒了 7 隻球瓶。」他的隊員聽了教練的讚揚很受鼓舞，心裡想：下次一定再加把勁，把剩下的 3 隻也打倒。教練乙則對他的隊員說：「怎麼搞的！還有 3 隻沒打倒。」隊員聽了教練的指責，心裡很不服氣，暗想：你怎麼就看不見我已經打倒的那 7 隻？結果，教練甲訓練的隊員成績不斷上升，教練乙訓練的隊員則打得一次不如一次。同樣是表達打中了 7 隻球瓶而沒有打中 3 隻，卻可以用激勵和批評兩種完全不同的方式，其收效也有著巨大的差異。

作為一個企業的老闆，你應該學會用讚美的語言去鼓勵員工。關於心理激勵這一點，老闆們需要認真學習和體會。批評通常只教會人們如何去避免遭受批評，而沒有教會人們應該如何做對事情。當遭受許多批評時，人們往往只記住開頭的一些，其餘的就不聽了，因為他們忙於思索論據來反駁開頭的批評。總盯著別人的失誤，是一個企業老闆最大的失誤。而讚美不僅能夠增強人們的信心，還會給人以巨大的鼓舞，賦予人一種積極向上的力量，因此，企業經營者應該善於利用讚美來激發員工的鬥志，讓他們身心愉快；即使他們犯了錯誤，也應讓他們能夠心情愉悅地改正。不斷的批評只能讓員工自己感到失望，而更多的讚美則能使員工對自己有著堅定的信心，從而幹勁十足。

一位成功的企業家曾經這樣說：「如果我看到我的員工工作出色，我會很興奮，我會公開表揚，讓所有員工都看到這位員工的成果，並且告訴他們這位員工的工作有多麼傑出。這其實也是教育其他人、激勵當事人的絕妙機會。」如果企業老闆從來不對員工表示讚賞，時間長了，員工心裡就會犯嘀咕：老闆怎麼從不表揚我？是對我有偏見還是無視我的成績？結果，企業老闆和員工之間的隔閡就加深了。

管理者要學會經常對員工的工作成績表示肯定，要及時地表達你的鼓勵，要學會適時地表揚和嘉獎你的員工。即使在員工工作表現一般時，也要表示關心和肯定：你最近心情不好嗎？怎麼會呢？你的工作成果非常好，沒有理由不高興！員工聽了這些話後，一定會非常開心，進而主動去尋找解決問題的方法，以證明自己的工作的確非常出色。

激勵能促使受激勵者化壓力為動力，快速適應職位需要。老闆如果能夠經常給員工一種心理暗示，讓他們相信只要自己努力，成功的機會肯定會降臨，那麼員工的積極性將能夠得到極大的提升。

跳槽危機
要與他並肩殺伐，或看他叛逃敵方？

　　我們知道，任何一個員工在工作中都不會一帆風順的。當你的員工遇到困難，垂頭喪氣的時候，如何激起他們的鬥志是一門不小的學問。企業老闆應該對員工的失敗給予理解，並允許他們有再嘗試的機會。如果過多地設置條條框框，只會束縛員工們創新發展的思維，阻礙企業績效的提高。關於撫慰激勵的方式，我們可以參照以下做法。

　　有一次，某化妝品公司的一位新來的業務員在跑行銷屢次遭到失敗後心情極度沮喪，對自己的行銷技能幾乎喪失了所有的信心。主管得知此事之後，找到這位員工說：「聽你的前任老闆提起你，他說你是一個很有幹勁的小夥子，認為把你放走是公司一個不小的損失呢……」這一番話把小夥子心頭那快要熄滅的希望之火又重新點燃了。果然，在小夥子冷靜地分析了市場後，他的業績終於獲得了巨大的提升！

　　其實，主管也許根本沒有和小夥子的前任老闆談過話，甚至小夥子根本沒有那麼出色，但是這種撫慰式的鼓勵卻讓這位員工重新找回了自尊和丟失的自信。為了捍衛尊嚴，他做了最後一搏，終於以成功增強了自己的信心，也證明了主管的眼光的確沒有錯。

　　與很多企業的老闆動不動就對犯了錯誤的員工或其他員工大聲呵斥、動不動就炒魷魚的行為相比，主管的撫慰激勵不是更有效果嗎？

　　給予員工高度的信任也是激勵其全力工作、愉悅工作的有效手段。信任是組織團結、事業成功的基本保證，而缺乏信任的組織必然人心渙散，組織成員必定毫無鬥志，組織目標自然難以實現。秦穆公屢遭失敗，而用孟明的決心不動搖，終於取得了成功。與信任相違背的兩個主要表現：一是多疑，二是輕信。人與人之間建立信任關係，一般應遵循兩條基本原則：一是前提原則，即對任何人在沒有弄清楚他是否可以信任之前一律以信任為前提，對他予以信任，直至他的行為使

你不能再信任為止；二是檢驗原則，即判斷一個人是否可以信任，必
須透過實踐檢驗。而多疑與輕信正是違反這兩個原則的錯誤表現，多
疑否定前提原則，與人交往時不是以信任為前提，而是以懷疑為前提；
輕信否定檢驗原則，對人的信任不是建立在實踐檢驗的基礎上。

　　信任是人與人之間一種最可貴的感情，尤其是在企業和員工之間
就顯得更為珍貴。用信任來激勵員工，可以讓他們在工作中發揮主動
性和創造性，點燃他們的工作激情。卡內基本人對鋼鐵製造、鋼鐵生
產的工藝流程知道得並不多，但是他手下卻有 300 名精兵強將，他們
在專業方面都比他強。卡內基很善於用信任來激勵他們，他大膽放權，
讓這些比他更厲害的人聚集在他的周圍，從而獲得了事業上的巨大成
功。

　　如果老闆對員工總是將信將疑，疑神疑鬼，既害怕他們才能太高
難以駕馭，又害怕他們對公司有所保留，不肯盡心盡力，那麼員工的
積極性和創造性就很難充分地發揮出來，更不要說開創新的局面了。

　　成功的老闆一定會信任員工的智慧和才能，接受和支持他們創造
性的建議，增強和激發他們的安全感、責任感和自豪感，這是做好一
個企業的根本保證。

對員工進行「心靈經營」

為什麼有些公司的員工頻繁跳槽？

管理者的理由可能會多種多樣，但是並沒有多少成立的條件。真正善於管理的老闆就會拒絕任何理由，用重要的工作去激勵員工。曾有員工說：「現在的工作分工愈來愈精細，也愈來愈單調，若老是如此繼續下去，那真的毫無意義。」也有人說：「我們不知道這項工作的意義，做起事來也缺乏幹勁。」還有人說：「我的工作情況不理想，很想突破瓶頸好好表現。」可見員工如果對工作的重要性認識不夠，就會覺得工作沒有價值。因此，管理者必須設法讓員工了解工作的重要性，並進一步傾聽他們的意見，經常與他們切磋、探討，這些都非常重要。倘若採用了這些步驟，無論多單調的工作也會使員工體會到工作的重要性，並由衷地致力於本職工作。

在交付員工重要工作時，建議你在大庭廣眾之中，眾目睽睽之下，有意製造最隆重的氛圍，將最困難、最有挑戰性的工作分配給他，使員工覺得他的上司看得起他，交給他如此困難的工作是對他最大的信任。只有如此，員工才能充分發揮自己的工作積極性，熱情地工作，取得重要成就，實現自身價值。這是一種成就激勵的技巧。在聽到別人對員工的意見時，尤其是聽到別人對員工的誹謗時，應旗幟鮮明地予以反對，並且一如既往地繼續重用員工。這是對員工信心的激勵，否則員工是做不出什麼成就的。當員工確實因某些客觀原因而遭到失敗時，管理者不應把責任全部推在員工身上，而是首先主動地承擔責任，進行自我批評。把員工當代罪羔羊的做法是完全錯誤的。

重要的工作能促使員工出成就，為公司的發展做出重要貢獻。成

就本身是一種極為有效的激勵方法。有了成就，會產生一定的滿足感，為了獲得更大的滿足感，就會做出更大的成就，這是一種激勵員工的良性循環。管理者給員工安排工作當然要考慮採用合理的方法，以使員工認可，同時重要的工作如果大大超過了員工的能力，員工即使竭盡全力也無法完成，這樣的工作就不要分派給你的員工，否則不但起不到激勵的作用，反而使員工喪失了僅存的一點點信心和希望。

　　心理學家韋納認為，人們對自己的成功或失敗主要歸因於四個因素，即：努力、能力、任務難度、機遇。從內外因方面看，努力和能力屬於內因，而任務難度和機遇則屬於外因；從穩定性來看，能力和任務難度屬於穩定因素，努力與機遇則屬於不穩定因素；以可控制性來看，努力是可以控制的因素，而任務難度和機遇則超出個人控制的範圍。因此，困難的工作應由作為管理者的你分配給員工。

　　困難的工作會讓參與其中的人在體力與心智上都得到一次鍛煉，進一步培養個人的自信。眾所周知，自信心的提高只有在經歷了危機與困難後，才能取得。而且所經歷的逆境越艱難，最後提高自信心的幅度就越大。作為一位公司的管理者，要做到尊重員工，首先就要尊重他的學識與技術，賦予其重任，才能激發起他的熱情。讓我們來看一個例子：

　　志明要結束會議說：「好了，大家都清楚自己的工作了吧？」「沒錯，」文雄答道，「但是誰來把報告組合起來，最後定稿呢？」「這由我來做。」志明回答，「我對這項工作比任何人都熟悉，因此比別人做得都要快。」「是這麼回事！」文雄嘀咕道，「這是整個專案裡惟一有意義的工作。我們只不過是揀些下腳料而已！」管理者是工程技術的專家沒有錯誤，但管理者的工作是在公司的所有員工中，根據員工各方面的能力而進行合理的工作分配。無論何時何地，管理者都

跳槽危機
要與他並肩殺伐，或看他叛逃敵方？

不可以同自己所管理的員工發生競爭衝突。

人的精力不是無窮的，難免有情緒低落的時候，在工作中，情緒低落的情形更是屢見不鮮。而當一個人陷入此種情況時，往往都會因為不能脫離困境而痛苦不堪。許多管理者也均有此種經驗。因此，當他們看到情緒陷入低谷的員工時，往往邀請他說：「今晚我們去喝一杯如何？」想借此機會教他們適當的解決方法。但是，就後果而言，最好不要這樣做。因為年輕員工情緒低落是成長過程中必然的現象。當他們在工作上碰壁時，往往會激發起人們奮發向上的精神。因此，當他們情緒低落時，若不讓他們自己去解決難題，日後必然養成凡事依賴他人指導的心態，而無法獲得自我超越。培養與訓練人才的最終目標，是要讓他們將來能夠自立與自律。所以，我們不妨把情緒低落視為磨練他們的最佳時機。如果只是帶他們去娛樂一番，說些寬慰的話，甚至陪著對方借酒澆愁，這不但於事無補，且將使其失去自我磨練的機會。

被視為日本棒球界的至寶、全壘打王王貞治初出茅廬時，在 20 場比賽中幾乎全軍覆沒，當時他所受到的打擊自然是不可言狀。然而，他所屬的巨人隊的教練水原一語不發，讓他不斷地參加比賽。這期間，對他們兩個人而言，必定是最難熬的一段時間。但是，水原教練的耐心，終於造就出一位出色的棒球明星！

員工在困難中的緊張感，對自己的信心，對困難工作的堅決果斷，堅持到底的熱情，不怕困難必須成功的毅力，這一切融合在一起的時候，就會爆發出驚天動地的威力，做出泣鬼神的偉大成就。透過上述分析，困難的工作是一種激勵，它能激勵起員工的自信、勇敢和熱情，繼之以勤奮的工作，包括體力工作和腦力工作。松下幸之助曾有這麼一句名言：「因為困難（而學習），所以（將來）便不再有困難。」這

句話可謂簡潔而有力地表達了情緒心理學的內容。因為，只有以自己
的力量去克服低落的情緒，才能增強經營時的自信。就商場而言，老
闆教導員工與教師傳授知識給學生是不同的。在教導員工時，為了使
他們在日後長期的商戰中克服困難，有必要採取不近人情，但卻具有
實質效果的指導方法。

　　一旦員工嘗到了在困難的工作中獲得成就的甘果之後，就能夠調
動自身內在的潛力和幹勁，迸發出更強的要求進取的呼聲。果真如此，
公司當然也就會立於不敗之地。

激勵員工所有的潛力

　　有一種方法能煥發員工所有的潛力並促使他不斷去努力追尋，那就是：讓員工以公司的目標和員工個人的目標結合起來！讓員工一個值得為之努力的宏偉目標，比任何物質激勵都來得實在，也比任何精神激勵都來得堅挺。任何一個人都有自己所期望的目標，如何運用這種目標動力去激發員工的積極性，是一種管理藝術。

　　某 IT 集團總裁曾說：「目標是最大的激勵。」這個企業集團的第一代員工正是在這種目標激勵下奠定了之後發展的基礎：第一代員工100%是某研究院人員，他們的年齡在 40 歲至 50 歲之間。和同齡的知識份子一樣，他們富有學識但自感得不到施展，一面是看著國家落後，一面是自己不能更好地為國家多做一點事。所以這批人的精神要求很高，他們為公司工作的目的一半是憂國家之憂，另一半是為了證明自己擁有的知識能夠變成財富。這種精神要求對於他們尤其重要，也是證明他們價值的最後機會。

　　集團第一代員工的總體特徵歸納起來有三點值得注意：一是事業要求極高；二是集體榮譽感很強；三是物質要求不高。針對他們的目標激勵，也要與此相適應。因此，集團在這一時期的激勵也體現出事業目標激勵、集體主義精神培養、物質分配的基本滿足這些特點。

　　雖然從 20 世紀 80 年代末開始，集團的情況有了一些新的變化。新一代員工和老一代員工在價值觀方面有了一定的差別。比如，新一代員工比較突出個人的價值，而不像老一代員工那樣為了集體的榮譽寧願犧牲自己，但是最核心的東西沒有變，那就是在為公司的打拼中去實現自我價值的理想，而集團恰好又為他們實現這個目標理想提供

了舞臺，正是這種目標的激勵促使一代代員工奮鬥不息！

公司給員工一個有激勵性質的目標，就能引領他們向前衝。但是，我們應該知道，目標是行動所要得到的預期結果，是滿足員工的需要的物件。目標同需要一起調節著員工的行為，把行為引向一定的方向，目標本身是行為的一種誘因，具有誘發、導向和激勵行為的功能。因此，適當地設置目標，能夠激發人的動機，調動人的積極性。

企業的目標是號召和指揮千軍萬馬的旗幟，是企業凝聚力的核心。它體現了員工工作的意義，預示著企業光輝的未來，因此管理者應該能夠在理想和信念的層次上激勵員工。但是實施目標激勵時也要注意企業應該將自己的長遠目標、近期目標廣泛地進行宣傳，以做到家喻戶曉，讓全體員工看到自己工作的巨大社會意義和光明的前途，從而激發他們強烈的事業心和使命感；使員工具體地了解企業的事業會有多大發展，企業的效益會有多大提高，相應地，員工的薪資、獎金、福利待遇會有多大改善，個人活動的舞臺會有多少擴展，從而激發出員工強烈的歸屬意識和積極的工作熱情；應該透過企業目標來激發員工的理想和信念，並使二者融為一體；在進行目標激勵時，要把組織目標與個人目標結合起來，宣傳企業目標與個人目標的一致性，企業目標中包含著員工的個人目標，員工只有在完成企業目標的過程中才能實現其個人目標等幾點內容。

管理者明白，要辦好一件事，必須掌握好時機，對員工的激勵也是如此，只有把握好時機，才能有激勵的效果。根據激勵資訊和受激勵行為之間的時間差距，可分為及時激勵和延時激勵兩種。及時激勵即在員工的良好行為出現後立即給予激勵；延時激勵則是在員工良好行為出現後，相隔一段時間後再給予激勵。通常來講，即時激勵能夠有效地激勵員工，但有時候又必須根據公司的規定以及實際情況進行

跳槽危機
要與他並肩殺伐，或看他叛逃敵方？

延時激勵，這其中的權衡全靠管理者的策略。

自 20 世紀 90 年代以來，在本田公司的首席執行官川本信彥的領導下，日本本田公司大力促銷，迎來了有史以來最為輝煌的時代。誰曾想到一家汽車公司會發展得這樣快？本田公司曾經創造了 80 年代汽車業成功的神話。到了 90 年代，隨著日本的經濟跌落低谷，本田公司開始陷入了困境。訂單減少，日元堅挺，導致出口量下降。運動性的汽車曾經暢銷一時，但是本田公司與其失之交臂，徹底錯過了時機。公司不再像以前那樣，代表日本的品位。本田的銷售額在 1993 年就開始下降，1994 年再一次下降。而現在，本田再一次跑到了競爭對手的前面，盡享它們 48 年歷史上獲得的最大成功。

本田之所以能夠獲得這樣大的成功，一個方面是在對外行銷上，採取了更為人性化的行銷方式，同時在汽車的款式上也有足夠的更新，準確地把握住了市場節奏。而在內部管理上，本田也有了很多新的舉措，為了激發出員工的工作興致，本田採取了很多措施。而最為重要的一個措施就是，本田在獎勵員工的時候，每一個人的年終獎金都成為了員工之間的秘密。這樣一來，每一個員工只知道自己今年所獲得的獎金，而不知道其他員工所獲得的金額。所以，他們在對獎金進行比較的時候，也往往是和自己以前的獎金進行比較。當獎金出現增長的時候，員工自然會知道上司對於自己的器重，一種榮譽感油然而生，從而會更加自覺地努力工作。

本田公司的做法，值得管理者借鑒。

喚起員工奮鬥的希望

　　從某種意義上講，管理者就是商人，只不過他賣的不是商品而是希望：我把希望給你，你把支持給我。如果說希望和願景是管理者手中的商品，那麼權力就是他們手中的貨幣。管理者不能透支這些貨幣，要學會適當地使用它。因此，希望是人們的生存前提，管理者就是要給人們帶來希望，因為人是需要夢想、需要願景的。當一個人進入一個組織後，不論這個組織是企業還是其他機構，一定都懷有一個願景。而這個企業的管理者就是為組織造夢的人。

　　著名管理學家瑪麗·派克·弗萊特認為：最為成功的管理者能夠看到尚未變成現實的圖景。他能夠看到自己當前的圖景中孕育發生但卻仍未露頭……最重要的是，他要讓周圍的人感覺到，這不是他個人所要達到的目的，而是大家共同的目的，出自於整個團隊的願望和行動。

　　一個優秀的管理者一定要懂得怎麼把願景推銷給團隊，讓大家感受到這種願景、這種目標、這種使命的強烈召喚。願景是如何描述的？希望是如何喚起的？管理者「販賣」希望有哪些特點？如何才能讓大家更好地接受並激發他們對希望的追求呢？希望的召喚力有哪些特點呢？

　　首先，願景要形象化，管理者提供的願景不能是抽象的。當你向員工描述願景的時候一定要形象化。要成為一流的企業，所謂的一流是什麼樣的，用形象的描述來展現願景。

　　領導者對此會有一個形象的表述過程。「我的戰略叫畫餅戰略，告訴大家未來的公司會成為什麼樣子的。實際上，很多企業追求成為世界 500 強的目的也在於此，必須將具體形象的願景展示給大家看。

要發展，總要有個具體的圖景，不能僅僅說我們未來要成為優秀的公司，要成為卓越的公司。優秀和卓越具體是怎樣的？總得有個形象的說法吧？比如，我們在未來將成為這個行業的第一，我們周邊的廠房是什麼樣子的，我們的辦公室是什麼樣子的，我們每個人是什麼樣子的，這個形象大家一下都記住了。」

其次，願景要實現故事化。管理者要學會用故事來描述願景，不僅用語言描述，還要用繪聲繪色的故事來描述，比爾·蓋茲在向員工描述未來的時候說：「我的願景是讓地球上每個家庭都擁有自己的電腦，而且使用這個電腦非常方便。這就是他的願景。」有人說，凡是優秀的管理者都是故事大王，都是會給人講故事的。的確，很多企業家都會講故事，他會告訴你，在未來的某個時間，我們企業是什麼樣子的，我們的未來是什麼樣子的，甚至具體到你將來會開什麼車，這個車應該是什麼樣子的。這些故事化的描述很容易激起人們創業的慾望和對未來的美好期待。

蘋果公司創始人賈伯斯就是個很會講故事的人，他推出新產品時說：「我的願景是讓互聯網裝到你的口袋裡，隨時拿出來就能用。」我們知道，現在 i-phone 功能非常強大，真的可以將互聯網放到口袋裡。賈伯斯說得很形象。他沒有說讓互聯網遍及每個家庭，或者是人人擁有互聯網，而是讓互聯網裝到你的口袋裡，並透過一部手機呈現出來，很生動，很具象。

最後，願景要有感染性，感染性就是共鳴。比如，一個人向你描述了半天他們公司要成為世界最大的公司，他們要蓋世界上最高的大樓，但這對你卻沒有絲毫的感染性。是啊，這跟你有什麼關係呢？所以，願景一定要跟聽到的人有關係，這是最關鍵的。這樣才有感染性，如果你說的事情跟聽到的人沒關係，顯然就不存在什麼感染性了。體

育運動之所以有感染性，就是因為它激發了觀眾內心深處的英雄感，激發了觀眾內心深處的那種動感。

　　很多企業老闆的成就感是很強的。他們究竟是被什麼感染了，會有如此大的成就感呢？他們的成就感不僅僅源於他能夠賺多少錢，更多地來自控制的資產規模有多大。所以，管理者在描述願景的時候一定要懂得使用和聽者相關的方式來描述，跟他有關係了，才具有感染性，他會覺得自己是其中的一分子，受到了應有的重視和重用，他會很享受參與的過程。

跳槽危機

要與他並肩殺伐，或看他叛逃敵方？

第五章
何時能得到信任

　　無論管理者對員工是何種信任，都能夠激發員工的工作信心和熱情。那麼上下級之間信任關係破裂、不再互信的原因又是什麼呢？原因固然很多，但多以先入為主的成見和錯誤認識為主。倘若管理者或員工中的一方違反了重要條款，亦或陽奉陰違、兩面三刀，那麼就很難期望彼此間的信任能夠繼續維持。

懷疑 VS 信任

　　優秀的員工已經成為企業的核心競爭力，離開了他們，企業便無法運轉，也無法生存，更無法參與競爭。如果你對員工的表現不滿意，請不要責怪員工，因為錯誤就在你自己身上；如果你對公司的經營不滿意，請在自己身上找找原因，而不要只是到市場上去找原因；如果你對公司的獲利百分比不滿意，請不要歸咎於通貨膨脹，而應嚴肅地看一看你是怎麼經營公司的。你要是推卸責任，就永遠無法取得成功。

　　管理者必須承認，內因是起主要作用的。當你往某企業打電話，在和某人連上線時，他們可能還會脫口而出：「因為我們不信任自己的員工，也不信任你，因此我們需要錄下此次通話，檢查所有人的行為！」科技徹底地改變了我們的工作場所，既帶來了好的一面，也帶來了壞的一面。壞的方面是許多人總覺得自己被監視器盯著。他們知道自己的電話可能被監聽，電子郵件也可能被主管看到。有些企業甚至為員工配備了跟蹤定位手機，這樣老闆總能知道員工身在何處⋯⋯

　　所有這一切都讓員工感到不被信任。然而，所使用的手段遠不止科技的運用。企業的管理者一直來回巡視、打電話、發郵件——幾乎無所不用——檢查你是不是在做工作。他們會一天問你 10 遍或 20 遍：「產品賣掉了嗎？」「報告做完了嗎？」「那個電話打了嗎？」你做了嗎，做了嗎，做了嗎？類似的故事一直都在上演。如果老闆這麼做，員工會感到自己一直在接受審查，這種感覺並不好受，更不可能培養信任。運用科技手段對員工進行審查完全屬於一種極權主義文化，而不是一種信任員工恪守盡責、自由開放式的文化。

　　對某員工的信任——亦即對方對自己的信任是自信心的原動力。

只有這樣，人際交往中的相互信任才能成為散發正面能量、形成和維持更融洽關係的基礎。這也是許多管理學家在企業管理研究中都相當關注、相互信賴的重要原因——因為企業間成功的合作關係、雙贏的勞資關係的根基都是信任。管理者對員工也不例外。

如果管理者不信任員工，員工基本上就永無出頭之日。如果是管理者出於信任委派的任務，員工一定會興高采烈去執行，但如果是在管理者懷疑的目光下接到的任務，員工就會有一種被監視、不被管理者認可的感覺，亦或產生「我是不是做錯了什麼」的擔憂，從而無法集中精力工作。比如，來回巡察監視員工的管理者會嚴重影響到員工的工作效率。

不僅工作上如此，有的管理者在情感上也不信任員工。老是抱著「對他再好也沒用，到頭來還是會在背後罵我」的心態與員工相處。上下級間的這種不信任關係長此以往地繼續下去，員工將會對管理者也不信任。他們心中會萌生逆反心理和懷疑感：「主管都不信任我，我又何必去信任他？難道他真能對我說話算話？還不是需要的時候利用我，完事之後就把我一腳踢開？」

某公司的營業企劃組正在討論新的營業點獎勵制度。新制度將重點聚焦於對新顧客的招攬上，但卻忽略了同老顧客關係的維護。簡單地說，無論光顧各營業網點的老顧客是否減少，只要店主能招攬到新顧客，就能獲得獎勵。這一獎勵方案的提出者是擔任組長的趙經理。但組員們卻認為趙經理提出的新制度負面效果更大，應該慎重斟酌。

趙經理說：「大家都說得差不多了，現在決定——就按原來的方案辦。」員工說：「等一下，趙經理。剛才我不是說了嗎？那樣做的話，加盟的店主們會不願意的。只顧著招攬新顧客的話，老顧客很可能會減少，這樣會影響營業加盟主收益的。」另一個員工也說：「對啊。

跳槽危機
要與他並肩殺伐，或看他叛逃敵方？

方案還沒有正式實施，就有人聽到風聲，現在就已經鬧得滿城風雨，大家都一肚子怨氣呢。再說，公司不也在宣導顧客滿意經營的理念嗎？我認為「撇下老顧客」式的制度行不通。」趙經理（勃然大怒）：「喂！喂！我都說了就那麼辦了，你們哪兒來那麼多廢話？你們是組長還是我是組長啊？就按我說的做，出了問題我負責！老實跟你們說，就是讓我下課我也幹！」員工說：「趙經理，如果不希望出現那種局面的話⋯⋯」

趙經理說：「你說什麼？我認為我已經說得夠多了，我的想法也表達得很清楚了，不是嗎？怎麼，不喜歡按我說的做啊？那就去別的組啊，要不然就離開公司。要想留在這兒，就得聽我的指揮，明白嗎？我有我的方式，接受不了的就走人。」

不信任員工，不聽取合理化的建議，獨斷專行。甚至出言澆滅員工積極工作慾望的管理者，勢必會使員工變成被動接受任務的員工，不再積極主動地工作。管理者對員工的不信任，必然換來員工的不信任。

我們來看看不被信任的員工在工作中是如何表現的：所有人都看著管理者的眼色行事。在管理者正式下達指示之前，沒有人可以行動，也沒有人想去行動。員工都沒有自己去創造點什麼的慾望，只是被動地接受管理者的安排，以為和管理者步調一致就能成功，安於依著管理者定下來的套路工作。儘管管理者們都嚷嚷著要員工積極發表意見，但員工會認為，這不過是管理者嘴上說說罷了，實際決策全由管理者來做，因為他們不相信員工的意見是對的。結果員工完全喪失了主導權和決定權。反反覆覆總是這樣，員工就會覺得：反正決定是由上頭來做的，我自己要那麼十全十美幹嘛？所以員工往往敷衍了事。

美國富國銀行的老闆理查·柯瓦希維奇曾說過：「我能做的事情不

過是向股東和客戶演講、以及和員工們握手而已。」意思是說管理者掌控一切和統領一切還不如重點指導某些核心工作更有成效。監管過度的領導機制會剝奪員工獨立制定計劃、主導工作的機會。記住，管理者過多干預瑣碎事務的行為不但會增大員工的壓力，還會妨礙他們透過工作來提高自己的學習能力，更會降低他們工作的積極性。

做到用人不疑

　　很多公司都會立下各種規範和條例，似乎這樣就可以使最笨的人也不會犯錯，同時使所有人都有所遵循。但蓋茲從來不這樣做，而是把繁事簡化，因為他認為自己的員工都很聰明，應該信任員工，讓員工自行決策，如果員工不守法，他會單獨處理這個員工，而不是處理所有員工。

　　微軟的員工對他們的工作有權作任何決定，因此他們的決策非常迅速，但每當他們要提出一項建議時，也必須提出適合的替代方案，並列舉優缺點。這樣做的用意是要訓練員工的思考能力，如果事先都將可能的狀況和問題考慮過了，當原方案失敗時，就可以立即採用替代方案，不會措手不及。微軟從不規定研究人員的研究期限，只是對開發產品的技術人員規定了期限。他說：「真正的研究是無法限定期限的，因為都是一些未知的東西，但開發必須有期限，這是研究與開發最根本的區別。但是，如果我花了兩年時間還沒有研究出結果，我就會認為這個項目可能不是一個非常好的項目，我往往會放棄它。」

　　公司首席技術官巴特對蓋茲在信任員工方面的做法頗有感觸。52歲的他透過蓋茲親自面試進入微軟公司，得到了相當寬鬆的工作環境。之後，除了蓋茲有時向他請教一些問題外，幾乎沒有別人來打擾他。巴特說：「微軟也不給我派什麼任務，也不規定研究的期限，我可以一門心思地鑽研一些我感興趣的問題。有時，蓋茲來問我一些很難解答的問題，比如大型存儲量的伺服器的整體架構應該是怎樣的？像這一類的問題我一般都不能馬上回答，而要在一兩個月之後才能答覆，因為我要整理一下資料和思路。」

在這種充分的信任下，巴特既不需要從事繁重的產品開發工作，也不需要從事煩瑣的行政管理工作，只是安心從事自己喜愛的科學研究就可以了。大多數時間他都待在微軟研究院裡，即使幾個月、一兩年都沒有研究成果，他的薪金和股份也不會受到影響。在這種寬鬆的工作氛圍的吸引下，謝利、巴爾默、西蒙伊、萊特溫……一批英才聚集到微軟的大旗下，圍繞在蓋茲的身邊。「這都是些重量級的思想家。」蓋茲頗為自豪地說。

對員工的這種信任換來的並非是員工的碌碌無為，因為員工有了足夠的空間自由發展自己的才能，追求自己的夢想，其成效反而更大。以巴特為例，在加入微軟的最初四年，他就研究出六項重大成果，其中電子郵件的加密軟體程式在業界的影響很大。

信任員工可以充分激發他們的創造潛力，甚至能夠為公司帶來不菲的價值。對於大多數的管理者而言，信任員工就需要做一些具體的調整。

老闆或部門主管不要總是對員工持懷疑的態度。作為一名企業員工，誰都有人格和尊嚴，如果一名員工被懷疑，特別是個人的道德情操被懷疑，那麼勢必極大地挫傷其工作的主觀能動性。同時，其他員工也會受其影響，員工人人自危，把工作中的創新當作「雷池」，不敢逾越一步。

每個人因其自身素質的不同，辦事能力會不同，辦事效率也有高低之分。員工恐怕最不喜歡不善於聽取別人意見和建議的領導了，他們往往在員工提出方案和方法之初，就一口否決，這是對員工辦事能力的不信任。信任別人的辦事能力，就是對員工的一種鼓勵、鞭策。管理者需要廣開言路，真心實意地聽取別人的意見或建議，集眾人之長，克己之短。管理者要多聽、多思考、不斷甄別真偽，慎重做出決策。

這才是一個負責任的管理者。

　　專做郵寄生意的西爾斯‧羅拜克公司是西爾斯與羅拜克合作成立的一家以他們兩人名字命名的公司。即顧客用郵件訂貨，他們也用郵寄的方式發貨。他們的生意做得比較順利，年營業額達到數十萬美元。但是他們兩個人畢竟都只是半路出家的商人，對經營管理並不擅長，隨著生意的擴大，都有力不從心的感覺。於是，他們聘請經營專家路華德為總經理，負責公司的全權管理。

　　路華德認為，郵寄業務與傳統生意不同，顧客對商品不滿意時，調換很困難，如果他們感到不便，就會放棄郵購方式。為此，必須狠抓進貨關，保證公司賣出去的每件商品都「貨真價實」。他制訂了嚴格的品質標準，親自把關，決不讓劣質品混進公司的倉庫。沒想到，廠商們認為他對品質的要求過於苛刻，竟聯合起來，拒絕向西爾斯‧羅拜克公司供貨。此事關係重大，路華德不敢擅作主張，趕緊去找兩位老闆商量。西爾斯從內心深處讚賞陸華德的做法，給他打氣說：「你這些日子太辛苦了，如果能少賣幾樣東西，不是可以輕鬆一下嗎？」

　　路華德明白了：老闆支持自己的做法！他更加堅定了嚴把品質關的決心，寧可讓生意受損，也決不向供應商屈服。那些供應商見抵制無效，擔心生意被別人搶走，只好重新向西爾斯‧羅拜克公司供貨。路華德追求「貨真價實」的策略，使西爾斯‧羅拜克公司的聲譽與日俱增，10 年之內，它的營業額增長了 600 多倍，高達數億美元，創造了一個經營奇蹟。

　　所謂用人不疑，因為不疑，所以放心，所以可以出成績，所以事業可以延續發展。

　　劉邦可以說是悟透經營之道的專家。他曾說過一段非常發人深省的精妙之語：「夫運籌帷幄之中，決勝千里之外，吾不如子房；鎮國

家，撫百姓，給餉饋，不絕糧道，吾不如蕭何；連百萬之師，戰必勝，攻必克，吾不如韓信。此三人，皆人傑也，吾能用之，此吾所以取天下也。」IBM 在低谷時引進了郭士納先生、通用電器在困境中啟用了威爾許，優秀的人才讓企業在成功的路上高歌前行。

《資治通鑒》中提醒後人：如果用人多疑，「上不信下，下不信上，上下離心，以致於敗」。由於有時情況不明，可能產生的流言蜚語，特別是由於忌能者的誣陷進讒，以至於誤傷人才，毀掉事業者，古今舉不勝舉。三國時的劉備舉賢任能，知人善任，他的部下，文有孔明、龐統、法正等相佐；武有「五虎上將」效力，可謂盛極一時。與之相反，他的兒子劉禪聽信讒言，懷疑諸葛亮有「異志」，把諸葛亮從前線召回，貽誤了進取中原的寶貴戰機，後又冷落姜維，終被魏國找到弱點，而亡國禍身。可見，「用人不疑」的人才觀，在一定歷史條件下有其積極意義。

在曹操準備出兵南征的時候，荊州的劉表一命歸天。劉表的妻子蔡夫人聯合自己的親弟弟蔡瑁，假寫遺囑，將自己的次子劉琮立為荊州之主。劉琮本不肯，提出要讓哥哥和叔叔劉備為荊州主人，但是被母親蔡夫人和蔡瑁強行立為荊州主人。可是，年方十四的劉琮剛剛即位，曹操的大軍就開始浩浩蕩蕩地南征了。劉琮本來怕自己的親哥哥——原本的王位繼承人劉琦和劉備興師問罪，現在曹操的大軍又殺來，急忙請謀士們商議。有的謀士說自己的實力太弱，無法和曹操相對抗；有的說曹操的勢力太大，實力很強，荊州的實力不能與之抗衡。總之謀士們都主張投降。

劉琮本來不甘心將祖宗的基業拱手讓人，但是他畢竟只有十四歲，聽了蔡瑁和謀士們的話，加上其母親蔡夫人主張投降，於是決定投降。曹操接到降書，很高興，讓劉琮出城迎接，同時許諾讓劉琮永為荊州

之主。後來曹操叫劉琮前去相見，劉琮不敢去，於是派蔡瑁、張允二人一起前去，拜見曹操。蔡張二人在曹操面前奴顏婢膝，極力逢迎曹操。當曹操得知擁有大小戰船七千多艘的荊州水軍是他們二人掌管的時候，當即就加封蔡瑁為水軍大都督，鎮南侯；加封張允為水軍副都督，助順侯。

曹操再次表示，要表奏天子，讓劉琮永為荊州之主。蔡張二人見自己已經封侯拜將，劉琮的地位也有了保證，滿心高興。劉琮也高興，第二天就和母親蔡夫人一起，帶著荊州的印綬，親自渡江拜見曹操。就這樣，曹操兵不血刃，得了荊州。

曹操為什麼重用蔡瑁、張允，道理是很簡單的，因為曹操需要他們。當曹操任命二人為水軍正副都督的時候，手下就有謀士說兩人都是拍馬屁的人，為什麼還要加官晉爵，並且給他們兵權。曹操說這是因為北方的兵士不習水戰，重用蔡瑁、張允是為了讓他們更好地為自己效命。

用人不疑是事業成功的基本條件之一。信任是企業團結、事業成功的基本保證，而缺乏信任的企業必然人心渙散，成員必定毫無鬥志，企業目標自然難以實現。每個人都有被重視、被信任的渴望，企業敢不敢於放手用人，給員工一個施展才華的舞臺與機會，是影響核心員工忠誠的一個重要方面。對於知識經濟時代的核心員工而言，給予他們必要的信任和更大的決策權是精神激勵的重要組成部分。用人不疑是任何用人活動都必須遵循的一個重要方略。實踐證明，建立良好的信任環境，是順利開展用人活動，取得事業成功的保證。

優點缺點分開看

　　戰國時期，齊國的孟嘗君為了鞏固自己的地位，專門招攬人才。凡是投奔到他門下的，他都收留下來，供養他們。據說，孟嘗君門下最多時養了三千個食客。其中有許多人其實沒有什麼本領，只是想混口飯吃。孟嘗君到咸陽去的時候，隨身帶了一大群門客。秦昭襄王親自歡迎他。孟嘗君獻上一件純白的狐狸皮的大衣做見面禮。秦昭襄王知道這是很名貴的銀狐皮，於是很高興地把它藏在庫房。

　　秦昭襄王本來打算請孟嘗君當丞相，大臣對他說：「孟嘗君是齊國的貴族，手下人又多。他當了丞相，一定先替齊國打算，秦國不就危險了嗎？」秦昭襄王說：「那麼，還是把他送回去吧。」大臣說：「他在這兒已經住了不少日子，秦國的情況他差不多全知道，哪兒能輕易放他回去呢？」秦昭襄王就把孟嘗君軟禁起來。

　　孟嘗君十分著急，他打聽到秦王身邊有個寵愛的妃子，就托人向她求救。那個妃子叫人傳話說：「叫我跟大王說句話並不難，我只要一件銀狐皮大衣。」孟嘗君和手下的門客商量，說：「我就這麼一件，已經送給秦王了，哪裡還能要得回來呢？」其中有個門客說：「我有辦法。」當天夜裡，這個門客就摸黑進了王宮，找到了庫房，把狐皮大衣偷了出來。孟嘗君把狐皮大衣送給秦昭襄王的寵妃。那個妃子得了大衣，就向秦昭襄王勸說把孟嘗君釋放回去。秦昭襄王果然同意了，簽發了過關文書，讓孟嘗君他們回去。

　　孟嘗君得到文書，急忙趕往函谷關。他怕秦王反悔，還改名換姓，把文書上的名字也改了。到了關上，正趕上半夜裡。依照秦國的規矩，每天早晨雞叫的時候關上才許放人。大家正在愁眉苦臉盼天亮的時候，

跳槽危機
要與他並肩殺伐，或看他叛逃敵方？

忽然有個門客捏著鼻子學起公雞叫來。一聲跟著一聲，附近的公雞全都叫起來了。守關的人聽到雞叫，開了城門，驗過過關文書，讓孟嘗君出了關。後來，秦昭襄王果然後悔，派人趕到函谷關。但孟嘗君已經走遠了。

這個案例就是成語「雞鳴狗盜」的歷史典故。通常認為，「雞鳴狗盜」之技算不得什麼本事，一般也無甚大用。雞鳴狗盜之徒常常被人輕視甚至蔑視，算不得什麼人才，在孟嘗君的門客中也是位列下座，還被其他門客瞧不起，以其為差。然而，在本案例中，正是這兩位位列下座被人瞧不起的門客，在其他位列上座的門客束手無策、無以應對之時，以其卑微的技能讓孟嘗君有驚無險地渡過生死難關。

然而，在企業管理工作中，有的老闆只相信大才，不信任小才。認為凡人才必須才高八斗學富五車，至於雞鳴狗盜、雕蟲小技則因其卑微登不了大雅之堂而被忽略不計。可是，大才畢竟鳳毛麟角，可遇而不可求。針對不同人才的素質特點，結合各個工作職位的特性，適才定位，即人才能力要適應工作職位要求，做到適才而用，工作職位的要求與被安排人才的能力要相當。只有這樣，才能使人才和其工作職位達到最佳匹配，發揮最佳效益，這也是人力資源管理追求的最佳效果。反之，如果人才和其工作職位沒有匹配適當，儘管人才再優，工作職位再好，都無法達到最佳效益。

一個人的長處裡面同時也包括某些缺點，短處裡面同時也含著某些優點。例如，有的人才很有魄力，敢想敢幹，但考慮問題往往不夠周密，顯得不夠穩重；有的人才處事穩重，深思熟慮，卻往往魄力不足；有的人才原則性強，但工作方法卻可能欠靈活，等等。所以，對於人才的短處就只能是規避，而不可不相信他的能力。規避的辦法就是人們常講的揚長避短。揚長與避短之間不是孤立的或平行的，而是交叉

融合在一起的。

《水滸傳》中的梁山泊首領宋江。由於他在組織發揮、協調團結方面有才華，所以做了領袖。但他的智謀卻不如軍師吳用，勇敢不如武松，水中功夫更是其缺點，就算是首領，也有自己擅長和不擅長的方面。現代管理學認為，人的素質可以從五個方面來衡量，即德、識、才、學、體。但人的這五個方面的素質不可能平衡地發展，有其突出者，就必然有其欠缺者。因此，識別人才應全面觀察，綜合衡量。

《三國演義》中的呂布武藝超群，但為人反復無常，貪戀錢財美色。他早年投奔丁原，丁原很器重他的武藝，卻忽視了他的道德。結果，董卓用小恩小惠，贈馬送金，將呂布收買過去。呂布利慾薰心，反手殺害了丁原。同樣，王允了解呂布貪戀美色的弱點，將貂蟬許配給他，用反間計挑撥呂布與董卓父子二人的關係。董卓犯了同丁原一樣的錯誤，不識呂布的品德。結果，呂布在美色的逼誘下又親手殺了器重他的乾爹董卓。丁原與董卓在識人方面算是吃了大虧。

所以說，對人的評價要客觀、公正、全面。人都有缺點，不可能十全十美，因此，在考察員工時就要將其優點和缺點分開。尤其應當注意的是，不能由於有一些雞毛蒜皮的毛病，就全盤否定。

李世民說：「明主之任人，如巧匠之制木。直者以為轅，曲者以為輪，長者以為棟樑，短者以為拱角，無曲直長短，各種所施。明主之任人也由是也。知者取其謀，愚者取其力，勇者取其威，怯者取其慎，無智愚勇怯，兼而用人，故良將無棄才，明主無棄士。」用人所長，並不是對人的短處視而不見，更不是任其發展，而是應做具體分析、具體對待。有些人的短處，說是缺點並非完全確切，因為它是和某些長處相伴而生的，它是長處的一個側面。這類短處不能簡單地用減去消除，只能暫時避開，而關鍵還在於怎麼用它。用得得當，短亦即長。

跳槽危機
要與他並肩殺伐，或看他叛逃敵方？

更何況古今中外善用人短者也不乏其人。

　　唐朝大臣韓幌一次在家中接待一個前來求職的年輕人，此人在韓大人面前表現得不善言談，不懂世故，介紹人在旁邊非常尷尬，認為他肯定無錄用希望，不料韓幌卻留下了這個年輕人。因為韓幌從這個年輕人不通人情世故的短處中看到了他鐵面無私、剛直不阿的長處，於是任命他為監庫。年輕人上任之後，恪盡職守，庫虧之事極少發生。

　　使用人才，不要把著眼點放在全才上，而應當放在揚其所長上，實事求是地取長避短，先看長處，多用長處，使之「八仙過海，各顯神通」，發揮長處，施展才幹。管理者的責任，就是要按照人才的這些不同的長處，量才使用，為各類人才提供最能充分施展才能的機會和條件，使人盡其才，才盡其用。這就是「任何人的短處當中肯定蘊藏著可用的長處」，這個道理的詮釋。

不要戴著有色眼鏡看人

　　有一年夏天，曹操率領部隊去討伐張繡，天氣熱得出奇，驕陽似火，天上一絲雲彩也沒有，部隊在彎彎曲曲的山道上行走，山上密密的樹林和被陽光曬得滾燙的山石，讓人透不過氣來。到了中午時分，士兵的衣服都濕透了，行軍的速度也慢了下來，有些士兵甚至暈倒在路邊。

　　看到這種情況，曹操擔心貽誤戰機，心裡非常著急。可是，眼下幾萬人馬連水都喝不上，又怎麼能加快速度呢？他立刻叫來嚮導，悄悄問他：「這附近可有水源？」嚮導搖搖頭說：「泉水在山谷的那一邊，要繞道過去，還有很遠的路程。」曹操想了一下說：「不行，時間來不及。」他看了看前邊的樹林，沉思了一會兒，對嚮導說：「你什麼也別說，我來想辦法。」他知道此刻即使下命令要求部隊加快速度也無濟於事。腦筋一轉，辦法來了，他一夾馬肚子，快速趕到隊伍前面，用馬鞭指著前方說：「士兵們，我知道前面有一大片梅林，那裡的梅子又大又好吃，我們快點趕路，繞過這個山丘就到梅林了！」士兵們一聽，仿佛梅子已經吃到了嘴裡，立刻精神大振，不由得提高了行進速度。

　　曹操的話之所以能使士兵達到止渴的效果，就是因為士兵們聽到曹操的話，回憶起過去見到的梅子的樣子和過去吃梅子時的感覺，於是似乎覺得又酸又甜的梅子就在眼前，頓時感到不再口渴了。這就是我們大腦對梅子的回憶而產生的效果。這種認識形式就是表像。表像是對事物的功能和意義的理解和概括。正是這些方面在人的大腦皮層中構成穩固的聯繫。表像是具體形象性和抽象概括性的統一。由感覺

跳槽危機
要與他並肩殺伐，或看他叛逃敵方？

到知覺再到表像，是人的認識由個別的屬性和特徵上升到完整的形象，由當下的感知達到印象的保留和概括的再現過程，其間反映出認識由部分到整體、由個別到一般、由直接到間接的趨向。但是，從人的完整認識過程來看，這些感性認識形式是對事物的表面特徵的描述，還不具備揭示事物本質的能力。

當前，一些企業管理者在選人、用人時不重能力，重學歷。相信員工的學歷越高，其業務水準就越高，工作能力就越強。這使沒有文憑、學歷較低的人被「否決」，把很多沒有「敲門磚」但有真本領的人擋在了企業大門之外。這不禁使人思索：衡量人才的標準到底是什麼？什麼時候才能徹底改變選人用人「唯文憑是舉」的狀況？難道有學歷的人一定就是人才嗎？博士後一定是能力最強的人嗎？

有一家公司開發產品時遇到了技術難題，於是誠聘博士、碩士數名，大學畢業若干，並按學歷職稱高低給予其不同等級的優厚薪資，合力解決。出乎意料的是，三個月過後，購置儀器、設備不論，光薪資、差旅費即花去近二十萬，問題仍沒有得到解決。公司老闆眼見市場商機緊迫，非常著急，於是親自到研發部視察詢問，不想主管博士引經據典告之問題要解決最少還要一年的時間。對此，老闆表示非常無奈，急召公司各位經理研究對策，打算終止此項目，尋找其他途徑，但又可惜資金、人才流失，躊躇再三後，辦公室主任提議廣告招標處理。

廣告連登三天，沒有一個人來應標。到了第四天，有兩位毫不起眼的年輕人來應標。這兩個年輕人曾經來過公司面試，由於學歷、職稱不符合公司用人要求，所以沒被聘用。當辦公室主任見到這兩個年輕人時，本打算婉言相拒，沒想到，他們表示最多只需要三天的時間就可以解決問題，並且問題沒有解決之前，不要任何報酬。產品研發迫在眉睫，辦公室主任將兩個年輕人帶到了研發實驗室。讓所有人沒

想到的是，當天兩人在實驗室工作不到三個小時，便給主管博士留下一封信離開了，博士看後表情很複雜，然後提筆寫了幾句話後，將信交給辦公室主任後，也離開了。主任見信上留詩一首，詩曰：「學歷非學力，博士非博學。今朝解此題，教你識人才。」主任看完信後，大驚！再看信後又附修改後設計簡圖一份及博士留言：「絕妙！按其更改，問題得解。己不如人，愧見同仁，此去再造，萬勿來訪。」經過這件事，這家公司再招人才，決不再只要求學歷……

當今社會，人們對高學歷越來越看重，大學生比比皆是，碩士越來越多，很多企業在招聘時都以學歷挑選人員。然而，高學歷並不代表高能力，知識份子未必是「能力分子」，選拔人才、提拔人才時更要注重其實踐能力。只要能夠勝任工作，便是人才。只要你一戴有色眼鏡看人，即使是聖人也會出現錯誤。

《史記·仲尼弟子列傳》記載了孔子看人看走眼的兩個例子，孔子為此而作自我批評曰：「吾以言取人，失之宰予；以貌取人，失之子羽。」大意是說，孔子有許許多多弟子，其中有一個弟子名叫宰予，是春秋時期魯國人。他外貌英俊，風度翩翩，說起話來娓娓動聽，頭頭是道。最初，孔子對他印象很好，也挺喜歡他，以為他將來一定有出息。可是後來宰予逐漸暴露了惡習，他既無仁德又十分懶惰。大白天不讀書學習，卻常常躺在床上睡覺。為此，孔子曾說他是「朽木不可雕」。

有一次，宰予問孔子：「父母死了以後，當兒子的要服喪三年，這個時間未免太長了吧？」孔子聽了很生氣，他說：「有德行的君子為父母服喪，吃飯不香，聽音樂也不覺得快樂，這是從天子到百姓天下通行的禮儀，你卻認為時間太長，不應該，真是個不仁不義的人，我和你實在難以講什麼道理。」此人後來官居臨淄大夫，參與田常之

亂，被滅了九族。此事對孔子打擊很大，從此看人，不僅要聽其言，還要觀其行，不再偏聽偏信了。

孔子的另一名學生叫子羽，也是魯國人。因為他的相貌實在長得難看，開始的時候孔子認為，這樣的人一定很愚笨，根本不可能成才，所以就不大喜歡他，甚至不願意好好教他。子羽沒辦法，只好退學。可是，他沒有放棄學業，雖然離開了孔子，但他透過刻苦自學，成了很有名氣的學者。子羽的品德也很好，舉止有禮，辦事公正，所以聲譽很高。他在江南遊學時，拜他為師的人達 300 多人，各諸侯國都傳誦他的名字。

一般的大企業招聘人才時，都千方百計地吸引具有高學歷的年輕人到其企業就職，但是日本的西武集團的堤義明從來不會追隨別人的做法，不去爭搶大學生。他說：「一般的大企業打的算盤是，每聘用十個大學生，將來有一個成才，就已經心滿意足了。這個觀點我並不同意，我寧可仔細地挑選恰當的大學生，然後把更多的工作機會留給那些沒有機會接受大學教育的年輕人。我的打算是，十個大學生就有兩個以上的人成才。那麼，每接收二十個學歷較低的人進企業工作，就希望有一個人將來會出人頭地，有所成就。」

企業主管應該能從堤義明的用人方式中受到一些啟發。以正確的眼光去發現人才，並真正做到發揮人才的作用，是每個主管都應做到的。學歷並不是衡量一個人是否真正有才能的唯一標準，不要被學歷遮住了選拔人才的視野，人才的實踐能力才是主管所應注重的。

不能懷疑所有人的能力

　　一天，上帝到人間巡視，在路邊發現了一隻凍僵的小老鼠。上帝把小老鼠揀起來帶回天堂，輕輕吹了一口仙氣，小老鼠漸漸甦醒過來，恢復了健康，從此和上帝生活在一起，白天到外面曬太陽、玩耍；晚上回到屋子裡，躺在溫暖的羊毛毯子上聽上帝講故事，生活非常愉快。然而美中不足的是，小老鼠心中始終有一絲恐懼：上帝家中有一隻貓，雖然天堂的貓不會傷害自己，但每次見到貓時小老鼠的心都緊張得像要掉出來似的。

　　有一天，小老鼠對上帝說：「萬能的主啊，我和你生活在一起感到非常快樂，但是有一件事我想請求你的幫助。」上帝微笑著說：「那是什麼事情啊？說出來吧。」「每當我看到家裡的貓時，都感到莫名的恐懼。我想請求您，能不能把我變成一隻貓？」上帝答應了小老鼠的請求，把它變成了一隻貓。小老鼠變成了貓以後，興奮異常，以為萬事大吉了，可剛一出門就碰到了一條狗，嚇得它連滾帶爬地回到了屋子裡。然後對上帝祈求說：「仁慈的主啊！能不能把我變成一條狗？」上帝笑笑，答應了它的請求。這下變成了狗的小老鼠大搖大擺地走出了家門，但突然有一隻老虎經過它的身邊，老虎張開大口打了一個哈欠，小老鼠魂飛魄散地跑回家裡。它沮喪地對上帝說：「英明的主啊，我最後一個請求，您就把我變成老虎吧！」

　　上帝欣然答應了它的請求。這一次變成了老虎的小老鼠激動萬分：自己成了獸中之王，天下無懼了。它昂首闊步走出家門，可是房前的貓突然尖叫了一聲，變成了老虎的小老鼠頓時驚恐萬狀、嚇得屁滾尿流地跑回到上帝的身邊。小老鼠百思不解，困惑地對上帝說：「慈祥

的主啊，我為什麼變成了老虎後還是害怕貓呢？」上帝「哈哈」大笑起來，然後對它說：「身體和外觀僅僅是一種形式，最關鍵的是你的心。你始終放不下那顆小老鼠的心，怎麼會不害怕貓呢！」

上帝是否讓小老鼠恢復原形，重過鼠的生活，不得而知。但現實生活中小老鼠變成了老虎後，鼠心能改嗎？假如依舊是虎形鼠心，能讓它從哪裡來回哪裡去嗎？同樣道理，如果員工感受到主管對自己的懷疑，那他們還會一如繼往地用心工作嗎？

管理者可以懷疑某個員工的能力，但不能懷疑所有員工的能力。大多數管理者都相信自己，對他人不放心，經常干涉員工的工作，這恐怕是管理者的通病，對於從工作第一線成長起來的管理者更是如此。但是，這樣在企業中往往會形成一個怪現象：主管不信任員工，一遇到緊張情況或者棘手的問題，就想自己插手，變得獨斷專行。而員工就會被束手束腳，養成依賴、從眾和封閉的習慣，有主動性和創造性的核心員工即使不離開，在這種氛圍下也會變得碌碌無為。若取而代之的是主管的充分信任，那麼員工就不會碌碌無為，因為員工們有了足夠的空間和自由去發揮自己的才能，追求自己的夢想，其成效反而更大。

小王等三個人在一家私人超級市場打工。每天卸車，裝貨，揮汗如雨地工作。可是主管林經理卻對他們很苛刻。幸好他的侄子，也就是他們的頂頭上司倉庫主管林向愷還算通情達理。對他們格外關照。

一天清點倉庫時，林經理發現少了幾包煙和幾箱泡麵，便大動肝火。揚言一定要揪出那個不識好歹的「賊」。平時倉庫的鑰匙都是放在值班室的抽屜裡，為此，林經理就一個一個把他們叫進辦公室像審罪犯似的審他們，讓這幾個人大為惱火。查無結果，林經理一氣之下，讓林向愷掌管倉庫的鑰匙，防賊似的防著三個人。後來，倉庫裡貨物

又神秘地少了一些。於是每個人都如驚弓之鳥。

林向愷握著那串鑰匙去找林經理，半夜才回來了，喜笑顏開地對他們三個說：「虛驚一場，我和林經理一查進貨單才發現，原來去年年底訂貨時香煙比往年少訂了幾條，泡麵的訂量也有問題。」三個人這才鬆了一口氣，怨聲載道起來。接著林向愷變戲法似的從口袋裡掏出一大把鑰匙，說：「年關已近，倉庫裡的工作一定很忙，林經理讓我給你們每人配一把鑰匙，以便於隨時工作。他也讓我轉告你們別介意，他這個人的脾氣不好，見不得雞鳴狗盜之事。」握著金閃閃的鑰匙，三個人有了一種當家做主的感覺，工作自然也做得盡心盡力。當卸下一車貨時，就齊心協力地清點、入庫，配合默契。有時清點完，略有剩餘時間，就再清點一遍，以保證準確無誤才入庫。在這個過程中，三個人發現因為疏忽多點少點之事時有發生。所以三個人商量，工作雖然卑微，可為了那串鑰匙裡的信任，一定不能掉以輕心。

倉庫失竊的事件自然再也沒有發生過。

多年以後小王才知道，那串鑰匙根本就打不開倉庫的大門。難怪那些日子林向愷總是第一個上班，早早地打開門。因為林向愷發現，一個人心中的委屈多一點，付出就會少一點；付出少一點，獲得就會少一點。那時三個人少的是別人的信任，別人的尊重，甚至別人一點點的溫情。這才導致了倉庫的「失竊」，其實倉庫裡丟失的貨品就是被這三個人偷走的，被三顆充滿委屈、不甘的心「偷」走的。於是，他用三把鑰匙，三把打不開倉庫大門卻用溫情打造的鑰匙，打開了三個打工仔的心門。

許多企業主管習慣按照上級主管的指示辦事，聽上級主管的話，這樣就不會犯錯誤或者少犯錯誤。久而久之，企業主管的內心深處便會形成這樣的意識：員工必須無條件地服從「我」的指示，照「我」

的辦，聽「我」的話行事，就會在企業文化中傳播一種「奴性文化」。我們的許多企業不乏管理現代企業的章程，引進了許多先進的理念，但仍然不乏家族式的企業，家長式的指揮。員工恐怕最不喜歡不善於聽取別人意見和建議的領導了，他們往往在員工提出方案和方法之初，就一口否決，這是對員工辦事能力的不信任。我們經常能聽到同事間這樣的調侃：「主管比我們有才能，他們永遠是對的，我們只有服從，照辦才是對的。」

孔子說：「三人行，必有我師。」任何一個人都有弱點，如果企業或部門主管傲視一切，目中無人，不能集思廣益，那麼一個企業的長足發展是不可能實現的。

多疑不可取

　　戰國時期，魏文侯派將軍樂羊領兵討伐中山國。當時樂羊的兒子樂舒在中山國做官。兩軍對陣時，中山國想利用樂舒達到使樂羊退兵的目的。為了爭取中山國的民心，樂羊採取了圍而不攻的軍事策略。消息傳到魏國後，一些人指責樂羊，說他為了保護自己的兒子而置國家利益不顧，故意不肯發兵攻城，並寫了不少狀子告到魏文侯那裡。魏文侯不輕信這些流言，一方面派人到前線慰勞樂羊的部隊，一方面在國內為樂羊修建新的住宅。後來中山國無計可施，只得把樂舒殺了。樂羊指揮軍隊發起進攻，一舉攻破中山國，中山國國君自殺身亡。樂羊勝利還朝，魏文侯為他舉行宴會慶功。宴散之後，魏文侯留下樂羊，送給他一隻密封的箱子。樂羊打開一看，全是揭發他圍城不攻的狀紙。樂羊感動得流淚，明白如果不是魏文侯對他的信任，不但破不了中山國，連自己也難免要做刀下鬼。

　　由於魏文侯一貫堅持用人不疑的原則，在他當政期間，君臣之間、臣與臣之間，互相信任，團結一心，出現了賢才群聚的局面，當時有名的卜子夏、田子方、吳起、段干術、西門豹等人都來他手下做事。魏國日益強盛，成為當時很有聲望的諸侯國。

　　管理者對員工要做到信任，就必須記住：多疑不可取。管理者工作中去疑和排疑應該注意：第一，坦率磊落，具有透明度。在不斷變化和發展的社會生活中，許多表面上的知識和價值觀念會有所變化，但一般來說，人們心靈深處的觀念是相當穩定的，不會輕易改變。因此人與人交往，只要彼此肝膽相照，就能夠找到溝通思想的管道，就有相互信任的基礎。

跳槽危機
要與他並肩殺伐，或看他叛逃敵方？

　　本田公司創始人本田宗一郎是一個技術天才，對經營管理既無興趣也不在行，他為什麼能將公司經營成一家世界級的大公司呢？這得益於他不懷疑人才的魄力。

　　他用人不疑，敢於將權力交託給別人。他最得力的助手是藤澤武夫。此人是個經營管理專家，與本田的能力正好互補。本田將公司管理大權全部交給他，自己一頭鑽進技術裡。由於公司經營權全部由藤澤掌管，「本田從未見過印信」就成了企業界的著名話題。

　　本田在接受媒體採訪時，坦率地說：「我這個人根本考慮不了其他事情，即使有其他賺錢的買賣也做不了，也沒有去做的勇氣。另一點，我是搞技術的人，對財務上的事一竅不通，我將它交給藤澤君來經管。能與藤澤君合作是我最幸運的事，本田公司也因此才發展到今天的規模。」本田宗一郎與藤澤精誠合作的傳統深深地影響著後來的本田人。河島就任第二任社長時，在經營管理上，實行分權管理，他本人管生產，兩位副社長則分管銷售和人事組織。第三任社長久米也同樣繼承了本田的用人理念。即：自己不擅長的事情決不去做，而是交給有專長的人全權負責。本田公司從不懷疑人才的能力，充分發揮了每個人的潛力，增強了員工們的使命感。公司也因此得到了長足發展。

　　現在，本田公司已經是日本最大的汽車公司之一，在美國的銷量僅次於豐田公司。

　　多疑的管理者通常是城府很深、表裡不一、不願意袒露內心世界的人，這種人越是遮掩自己的內心，越容易產生對他人的懷疑。用人者力戒多疑，首先要坦率磊落，做一個具有透明度的人，不要虛與委蛇，敷衍應付，更不要在自己的用人活動中言行不一；第二，明智清醒，堅持辯證法。客觀事物都是錯綜複雜的，用人者分析問題和處理問題

時，在任何情況下都要保持清醒的頭腦，堅持用科學的思想方法全面而辯證地看問題，只有這樣，才不至於被表面的假像所迷惑，也不至於產生不必要的懷疑；第三，保持主見，不信流言蜚語。聽信流言蜚語是使人生疑的重要原因，用人者保持正確的主見，不被流言蜚語所左右，這是排除疑心，避免讒言蠱惑的有效措施。

管理者之所以犯輕信的毛病，是因為他們對情況的反映、社會流言和公眾輿論等資訊沒有經過嚴肅和科學的處理，以致被虛假的資訊所左右。為了避免陷入輕信，對資訊的處理要注意做到以下三點：

第一，認真分析，防止失真。《呂氏春秋·察傳》指出：「得言不可以不察。」用人者對於得到的資訊首先要經過一番分析鑑別，不能一概貿然接受，那種「聽到風聲便是雨」的做法，是不足取的。因為透過口頭傳遞的資訊，容易失去它的本來面目。

第二，調查研究，事實驗證。不做調查研究，相信流言蜚語，常常是使人陷入輕信陷阱的直接誘因。要做到不輕信，最有效的方法莫過於進行調查，以事實進行檢驗。

第三，發現破綻，去偽存真。謊言畢竟是謊言，一般難以自圓其說，尤其是居心不良的讒言，只要冷靜思考，認真分析，是不難發現其破綻漏洞的。

成功管理者的共同特點就是善於知人用人，構建並統率一支具有強大的凝聚力和戰鬥力的團隊。所以，我們應該像魏文侯一樣，明辨是非，去偽存真，用人不疑，才能創造一個良好的信任環境，為事業的成功奠定基礎。

松下幸之助認為，信任可以使部下心情舒暢，幹勁倍增，極大地激發員工的工作積極性和主觀能動性。他說：「對員工說明原委，表達信任的期望，他們就可以按管理者的目標完成任務。」

跳槽危機
要與他並肩殺伐，或看他叛逃敵方？

　　北歐航空公司董事長卡爾松，在改革公司的陳規陋習時，曾給予部下充分的信任和活動自由。開始時，他的目標是：要把北歐航空公司變成歐洲最準時的航空公司。但是卡爾松想不出該怎麼下手，他到處尋找合適的人選來負責處理此事，最後他終於如願以償。於是卡爾松去拜訪這位合適的人選。「我們怎樣才能成為歐洲最準時的航空公司？你能不能替我們找到答案？過幾個星期來見我，看看我們能不能達到這個目標。」卡爾松對他說。

　　幾個星期後，這個人約見卡爾松。卡爾松問他：「怎麼樣？可不可以做到？」他回答：「可以，不過大概要花 6 個月的時間，還可能花掉你 150 萬美元。」卡爾松興奮地說：「太好了，說下去。」因為卡爾松本來估計是要花 5 倍多的代價。卡爾松的神情把那個人嚇了一跳，他定了定神繼續說道：「等一下，我帶了人來，準備向你報告。他們可以告訴你我們到底想怎麼幹。」卡爾松立即說：「沒關係，不必報告了，你們放手去做好了。我相信你的能力。」

　　大約 4 個半月後，那個人請卡爾松過去，並給他看了幾個月來的業績報告。當然他已使北歐公司成為歐洲第一，但這還不是全部。卡爾松還看到：這個人還省下了 150 萬美元經費中的 50 萬美元，一共只花了 100 萬美元。

　　由此可見，管理者的一個基本責任就是了解員工的價值，然後鼓勵他們主動嘗試。而其最基本的行為體現，就是給予員工更多的信任，放手讓員工去做。

不能只做主管不做人

　　人是有感情的動物，人的一切行動都受著感情的影響。很多企業的管理者懂得這個道理，在發揮員工的作用時，重視感情的作用。他們對員工體貼入微、關懷備至，同時，對員工也處處體現出信任，放手讓他們去做工作，因此企業就會形成合力，創造出理想的業績。但是，在工作中，經常聽到員工反映老闆總是不相信自己，經常用懷疑的眼光或是懷疑的思想對待員工所做的一切，這最終將導致企業喪失凝聚力，無法一致對外。

　　作為一名管理者，很多時候你會裝出一副很信任員工的樣子。然而，很多事實證明你放心不下。在具體的工作中，你沒法不去過問你的員工是如何開展工作的，甚至把一些關鍵的環節留給自己親自操作。你在自己的心裡打了個很大的問號，你的員工會像你一樣盡職盡責嗎？也許，你的擔心是有原因的，有些員工的工作績效總是不能做得像你預期的那樣好。然而，一味地批評抱怨又有什麼用呢？如果你懷疑員工的人品，你應該問問自己，是不是因為你沒有透過信任來激勵他們；如果你懷疑員工的工作能力，你應該也問問自己，有沒有對他們進行必要的培訓或給他們鍛鍊的機會？總而言之，你應該反復尋找失利的原因，然後和大家一起探索提升業績的辦法。事實就是這樣簡單，透過你的信任、鼓勵和培養，你的部屬終將會成長為一個真正值得你信賴的人。

　　有一家公司的老闆，在新年度開始時，制定了獎勵計畫：每月都要發資金給表現好的員工，額度幾乎是薪資的一半。大家都不信，因為前任老闆也制定過這樣或那樣的政策，但從來沒有實行過。然而，

跳槽危機
要與他並肩殺伐，或看他叛逃敵方？

第一個月月末，小王突然興沖沖地對大家說他要請客，因為薪資單上突然多出一千多元。大家見新老闆言而有信，說到做到，出手大方，士氣為之大振，生產量猛增，銷售額也在後來的幾個月接連翻番。大家的薪資果然也隨之水漲船高。

《第五代管理》的作者查理斯·薩維奇曾說過：「懷疑和不信任是真正的成本之源。」管理者與員工之間級別上的差異、心理上的距離以及互不信任直接導致了員工壓抑的心理，長期如此會產生心理障礙或心理疾病；除此之外，懷疑和不信任還打擊了員工的積極性，阻礙了創新。毫無疑問，信任能增強員工對企業的責任感和使命感，能促使員工自覺採取行動，與企業同命運，共發展。

傑克是美國一家化學染料公司的總裁，有一次，公司為了研發低成本化學染料，迫切需要一個懂得染色技術的專家。這時候，他意外地打聽到有個染色專家正賦閒家中，頗為驚喜。然而，經過初步了解，卻發現這個人年輕時吸過毒，因為缺乏毒資還攔路打劫，被關進了監獄，出獄之後，便自暴自棄，整天借酒澆愁。

這個人能不能用呢？傑克陷入了矛盾之中。於是，他又繼續去了解這個名叫漢克斯的染色專家，發現他出獄後有段時間表現很好，但公司的老闆總是對他不放心，幾乎每天都要偷偷打開漢克斯的儲物櫃搜索他的外衣口袋，生怕他再染毒品。漢克斯發現後，自尊心受到極大侮辱，憤然辭職，這樣才染上酒癮的。傑克知道全部經過後，決定聘用漢克斯擔任公司技術部主管。經過幾次登門拜訪，漢克斯深受感動，從此痛改前非，埋頭於實驗室，終於研製出不脫色而且成本低廉的化學染料。

雖然信任對於組織及人員管理的積極作用已被許多研究和企業實踐所證明，但信任本身卻是管理中最難把握的概念之一。信任應是雙

方的，但就公司、管理者與員工的信任關係來看，員工對於公司及管理者的信任首先來自於公司和管理者對員工的信任。在這個層面上，信任可以理解為給予員工充分的自主權和自由度，放手讓他們去處理一些問題，即使在不確定的情況下或遇到困難時也是如此，同時為他們提供任何必須的各種資源和支援。毫無疑問，信任總是和一定的風險聯繫在一起，如果沒有風險，也就談不上信任。公司經營本來就是在不確定性因素下不斷承擔和降低風險的活動，因此，風險決不能成為懷疑和不信任的藉口。相反，對員工的充分信任和授權能大大降低企業的經營風險。

孫權為抵抗劉備大軍入侵，起用年輕儒生陸遜為三軍大都督。當時，孫權身邊的老臣們都認為陸遜太年輕而表示反對。然而孫權力排眾議，並賜陸遜佩劍，說：「如有不聽號令者，先斬後奏！」遂使陸遜大膽用兵，創造了火燒敵營七百里的奇蹟，一舉大敗蜀軍。

由此可見：「信任是最好的管理。」假如當初孫權對陸遜不完全信任，即使啟用了他，也會想法設置一些條條框框，束縛他的手腳，如果是這樣的話，吳軍就不可能取得如此重大的勝利！

但當前有些企業的個別管理者對員工缺乏足夠的信任，往往拿著放大鏡來審視員工，將員工的缺點放大，甚至對員工持有戒備之心。當員工在工作上稍有過錯，就嚴加訓斥或處罰，全然不顧對方的內心感受，弄得員工心懷不滿，卻又不敢表露出來，做事畏首畏尾，敷衍應付，與企業離心離德。

更有一些企業對員工明顯不信任，在生產區層層設限，或者安裝監視器等。就比如，有一家生產打火機的企業，工廠內到處安裝著監視鏡頭，令人感到渾身不自在。如此管理，其實已蛻變成一種防衛式和監控式的管理，其結果必然疏遠人心，喪失凝聚力，企業難免要走

跳槽危機

要與他並肩殺伐，或看他叛逃敵方？

下坡。

　　要時刻維護員工的利益，這是取得員工信任的最基本的管理策略。毋庸置疑，提高管理層與員工之間的相互信任與相互忠誠是一個非常艱巨的任務，也是一個永恆的話題。但是，在什麼樣的情況下才能培養員工對管理者的信任呢？只有當員工意識到在他們不能保護自己的權益時，管理者能夠挺身而出，勇敢站出來為員工據理力爭，維護員工的權益時，他們才會真正信任管理者。

　　在管理實踐中，你可能總結了許多維護員工權益的方法與手段，尤其是當員工在面臨困境、無能為力之時，你更應該挺身而出，勇往直前地保護員工的利益。你自己要清楚在什麼時候站出來維護員工的利益。當你為了員工的利益採取切實的行動後，你一定要讓員工知道。你要讓他知道問題是什麼，而且你也要讓員工知道你在這種時候會義無反顧地維護員工的利益。透過你的行為，你要讓員工明白：當他們工作做得很好的時候，你會為他們加油，讓他們做得更好。如果在工作的過程中出現任何偏差，你會及時指出來，並幫助他們糾正。最重要的是，你要讓他們知道，你會百分之百地支持他們，你非常希望幫助他們取得進步。

　　現在，很多企業都在宣導「以人為本」的企業文化和管理理念，而要做到以人為本，就必須以信任為基礎，凡事尊重員工、相信員工、理解員工，充分釋放員工的潛力和激情，使員工真正將企業當作「家」來熱愛和呵護。當然，信任員工並不意味著不要制度、放任自流，而是在遵守制度的基礎上對員工做到感情上融合、工作上放手、生活上關心，讓「信任」之風吹遍企業的每個角落，使它成為企業與員工之間的黏合劑與連心鎖。讓員工自己管理自己，自己提高自己，既可以減少管理成本，又能促使員工發揮主角的精神，使企業與員工和諧地

融為一體，共同發展。

跳槽危機

要與他並肩殺伐，或看他叛逃敵方？

第六章
人盡其才是空話

　　讓合適的人到合適的職位是最基本的用人之道。它既不新增職位，也不新增成本，但它產生的積極效應是明顯的。同時，我們還應當看到，把優秀的人才放在最重要的、最合適的職位，企業就跨入了高速發展的快車道——不發展都不行。但怎樣才能選好人、用好人呢？關鍵是我們要有一雙慧眼、一顆慧心。

知人善用是假話

　　國際管理大師湯姆·彼得斯說：「公司或事業唯一真正的資源是人，管理就是充分開發人力資源，以做好工作。」這指出了人力資源的重要性——它是最寶貴的戰略性資源。事實上，很多企業的做法是「不讓猴子爬樹，叫它游泳；不讓鴨子游泳，叫它爬樹。」最終導致人才的浪費，使「知人善用」成為一句假話。

　　的確，出現這樣現象的企業比比皆是。張飛衝鋒陷陣勇冠三軍，若讓他代替諸葛亮運籌帷幄，非弄出大亂子不可，但若讓諸葛亮去與人短兵相接，他也必然沒有好下場；大軍事家孫臏在用兵佈陣方面是天才，但若派他到陣前與敵人刀槍相交，則定要送死；水中格鬥時張順最適合，陸上廝殺則還要看李逵的表演，如果張順與李逵做個換位，那必然都大敗而歸；宋徽宗不是個好皇帝，卻是個好畫家；李煜不是個好君主，卻是個優秀的詞人；明熹宗朱由校處理國家大事一塌糊塗，但幹起木工活來卻比一般木匠要漂亮得多。這些在人才使用上出現嚴重「角色錯位」的現象屢見不鮮。正如俄國寓言家克雷洛夫所說：「鞋匠做糕餅，廚子修鞋子，別指望有什麼好結果。」不能知人善用對人才是極大的浪費，對企業是很大的損失。

　　先不說別的，僅僅是讓「鴨子爬樹」現象，就很值得老闆們反思。有很多企業老闆經常把許多人才閒在一旁，使他們沒了用武之地。有的企業有許多專業技術人才不用，卻讓他們去做行政方面的工作。比如，本來是個有名的電氣工程師，卻讓他去當行政科長，名曰「重用」，實則是學非所用，專業不對口。一個人才本來可以發揮自己的專長，做出更大的成績，有的企業老闆卻「重用」他為行政主管工作，實際

上不是愛才，是屈才；如果一個人才雖然有點小毛病，你既不用，又捏在手裡不放，這是在浪費、埋沒、壓制，甚至是在扼殺人才。況且，把有一技之長的人用在非其專長的職位上，是更大的浪費。實踐證明，對人才使用不當，會適得其反。多年來胡亂使用人才已經使企業管理者吃了不少苦頭，特別是專業人才用非所長的教訓更為深刻。

之所以出現這種本末倒置的現象，原因不外乎是一些主管在人才使用上的封建家長式的支配做法。在某些老闆看來，自己是一廠之主，掌握著人才的「生死簿」，用誰不用誰，全憑自己一張嘴；有的老闆存在「拿著棘手，棄之可惜」的心理，對一些「不聽話」的人既不用，又不放，至多安排個「閒職」，把員工「吊」起來。

作為一個企業的老闆應該有為企業聚才的思想，胸懷大度，常懷愛才之心。關心、培養、愛護、使用人才，為人才搭建平臺，提供廣闊的發展空間，這才是企業老闆正確的用人觀。例如，象棋中的車、馬、炮顯然是攻擊的中堅力量，征戰能否取得勝利主要靠它們。但是車、馬、炮再怎麼神勇，也只是將帥手中的棋子。將帥如果不能用好這幾個棋子，這些車、馬、炮就是完全沒有用的廢棋子。只有分別掌握了車、馬、炮的才能特點，知其長短，才能取長補短，最大的發揮它們的作用。

對於一個員工來說，性情也許是天生的。但作為一個企業的老闆若能夠巧妙地運用員工的性情，使之能夠既顯其能，又避其短，那這幾乎可說是用人的最高境界了。

不同性格類型的人對工作職位的適應性不同。比如，精力旺盛、性格剛強卻粗心的膽汁類人才，不能深入細微地探求道理，因此他在論述大道理時，就顯得廣博高遠，但在分辨細微道理時就會失之於粗略疏忽，此種人適於安置在創新性的工作職位上；性情活躍、反應敏

捷、善於交際的多血類人才，可以採取以目標管理為主的方式，在目標、任務一定的情況下，儘量讓他們自己選擇措施、方法、手法和手段，自己控制自己的行為過程，同時還可適當擴大他們的自主權，給他們迴旋的餘地和發展的空間；對於安靜、忍耐、性格堅定又有點韌勁的黏液類人才來說，他們喜歡實事求是，因此能把細微的道理揭示得明白透徹，因此比較適於安置在需要條理性、冷靜和持久性的研究實驗工作職位上；而對於性情孤僻、細心敏感的憂鬱類人才，可以採取以過程管理為主的方式，給他們略超過自己能力的任務，使他們得到成功的體驗，建立起可以不比人差的信心，同時注意肯定他們的長處。

興趣是最好的老師，有興趣，才會有慾望和動機。當興趣產生時，能使人的注意力高度集中，能激勵人的工作熱情，這樣人的能力才會全部發揮出來。

具有某方面能力的人，一般來說會對某方面的事情特別感興趣。20 世紀 50 年代，在南美洲的一個小村莊裡，一群小孩圍著一只用布縫起來的足球踢來踢去，樂此不疲，幾乎天天都抱著球去一個空闊的小場地踢球。20 年後，其中的一個小孩站在了世界足球的最高點，他就是享譽世界的球王比利。

比利是熱愛足球的，他的父母也深深的看到了這一點，所以他們並沒有阻止他的足球夢想，而是給予適當的引導，這也終於成就了比利。同樣如此，管理者在使用人才的時候，既要強調專業對口，但又不能太絕對化，還要考慮到他們的興趣方向。

對一個公司來說，人力資源總是有限的，因此，充分地發揮每個人的長處和才智，而不是埋沒才智，是時代的要求。每一個人都有自己的長處，作為老闆，對待員工不能求全責備，應揚長避短，為員工

發揮這些長處創造條件。

　　漢高祖劉邦才不及他人,但要說到人力資源管理,可以算是大師級的人物,他知道把手下的人才放在最合適的位置。劉邦手下有韓信、蕭何、張良等幾員大將,對於這幾員大將劉邦也可謂是做到了用其所長。在劉邦長期的征戰實踐中,他漸漸發現韓信的確是將才,用兵打仗,堪稱無人能比;而蕭何心思縝密,行為非常謹慎小心;張良則足智多謀,稱得上是一位運籌帷幄的謀士。於是,在以後的征戰中,劉邦果斷地將用兵之權交給了韓信;把糧草等後備物資的籌畫、運輸交給了蕭何,來保障前線士兵的供給;而張良則理所當然地成了帳下一位重要的謀士。

　　由此可見,老闆對自己的員工要做到知人善用,不能使之成為一句假話,只有這樣,才能把員工的才幹充分利用起來。

任人唯親的後果

在現代企業管理中，任人唯親的情況很常見。在一些中小企業中，「家族化」的經營風氣更是盛行，往往是老闆、總經理的妻子管財務，弟、妹管供銷，小舅子管人事，一派「家天下」的陣勢。即使是在大型企業中，有些管理者也會設法把子女、親屬弄進企業中，以求一官半職。

任人唯親是民營企業的一大致命傷，在太古公司亦不例外。張明麗 1990 年從台大商業經濟專業畢業並獲經濟學學士學位。1997 年初，張明麗應聘到太古公司，任老闆溫嘉輝的秘書。表面上，溫嘉輝說：「不和親戚做生意」。但是，到了 1997 年年底，與溫嘉輝關係非同尋常的張明麗，卻出人意料地進了董事會。1999 年 1 月，溫嘉輝與張明麗結為夫妻。

在不到兩年的時間裡，張明麗在太古公司得到迅速提升，她由總經理秘書、總經理助理，直升為集團副總裁。張明麗出任副總裁後，很快接掌財務大權。在太古公司，凡是核銷，幾乎全由張明麗一人簽字說了算，其他中高層管理人員幾乎沒有財務權。1998 年 10 月，太古公司出現財務危機，自此溫嘉輝便經常不露面了。

面對債主們逼債，絕大多數中高層管理者都不知道怎麼辦。當時，分管財務的副總裁張明麗，作為溫嘉輝未婚妻的身份已經公開化。於是，業務部經理找到張明麗，提出自己關於化解太古公司財務危機的方案。張明麗不置可否，經過慎重考慮，該經理最終選擇了辭職。緊接著，一大批核心幹部紛紛效仿他的做法，陸續離開太古公司。

隨財務危機而來的是人才危機，但是，這並沒有引起溫嘉輝的高

度重視。相反，張明麗又簽發了一紙通知：以前只要各部門經理簽字即可進出太古公司的物資，現在必須有溫嘉輝的簽字，才能放行。一位前太古公司的高層管理人員在其辭職信中，對太古公司的「任人唯親」症狀，進行了嚴肅的批判：「如果在企業發生危機的時候，首先想到的是家族利益，是對員工的不負責任，是對社會的不負責任。」

　　其實，對於民營企業而言，規模不大時，任人唯親甚至還可以起到穩定企業、高昂士氣的作用。中國有句古語：一人得道，雞犬升天。說的是一個人有了大的發展，他的親戚朋友，可以跟著「沾光」，最起碼也能混口飯吃。但是，企業發展到相當規模時，很多牽涉到企業運營管理方面的事情，需要專業人士去處理。如果老闆仍舊任人唯親，導致一些重要的職位，尤其是關乎企業存亡大計的特殊職位，被非常不適合於該職位的人員占據，企業的利益勢必會有不可彌補的損害。

　　家族化經營、任人唯親，會出現有人明明無德無才但薪水卻很高；而有一技之長的人得不到重用，甚至受「眾親」的嫉妒、排擠，只好跳槽另謀高就的現象。另外，容易形成派系，拉幫結夥。在企業中形成「家族派」與「非家族派」，在「家族派」內部，又因近親、遠親，地位和待遇不同，形成各種小派別，彼此明爭暗鬥、針鋒相對。在這種情況下，企業的發展自然不穩定。

　　一家出色的房屋仲介公司之一有房氏房屋仲介公司，自初創時開始，就形成了一個不成文的規矩：「親屬不共事、舉賢要避親。」中國傳統強調「舉賢要內不避親、外不避仇」，但在實際情況中往往只是「不避親」，並在舉薦後，形成「親上加親」的裙帶關係。雖然，在親屬裡可能也不乏人才，但難以兩全時，有房氏房屋仲介公司做出了利於平等競爭的選擇，看重因此而建立的更加單純的人際關係。

　　有房氏房屋仲介公司的執行是非常堅決的。企業要求員工入職時

跳槽危機
要與他並肩殺伐，或看他叛逃敵方？

要如實申報在公司內是否有親朋好友，如有，必須聲明。曾有一個職員申報時說在有房氏房屋仲介公司沒有親朋好友，但後來公司發現，其兄長是有房氏房屋仲介公司一家分公司的部門經理，發現後立即辭退。

這條制度來源於一個故事。作為有房氏房屋仲介公司的創始人，周百鳴首先不用自己的親戚、朋友、同學。1989年，周百鳴離開公司去外地學習一年。回來後發現，他的一位表妹在公司上班。雖說這位表妹大學畢業於高雄大學金融專業，是公司需要的人才，但周百鳴硬是以鐵石心腸勸說表妹離開了有房氏房屋仲介公司。周百鳴說服她的道理很簡單：「如果你有本事，去哪裡都能施展；如果你沒本事，憑什麼在我這兒混？」表妹走了，後來在其他公司得到了很好的發展。周百鳴的率先垂範和嚴格的規範制度，保證了有房氏房屋仲介公司人際關係的簡單澄明。

類似有房氏房屋仲介公司這樣用人的企業不少，但有些企業任用親屬的現象也比較普遍。其實在自己的企業中使用親屬本來是無可厚非的，因為親屬就是自己人。中國有句老話：「打架親兄弟，上陣父子兵！」與許多民營企業的老闆一樣，尹明善是家族企業的維護者：「任人唯親是為了穩定，任人唯賢是為了發展。為了企業的發展，公司必須由我本人或我的家人來管理。」其實，如果能真正做到舉賢不避親，那也還好說，關鍵就怕有些人雖是「親」卻不是「賢」，企業中如果用的都是這樣的人，那危害可就大了。其他員工在與這些員工共事時，往往會有很多的顧慮，既擔心自己的貢獻得不到認可，同時害怕得罪這些員工而導致上司的批評等，這會嚴重打擊其他員工的積極性。這給企業帶來的後果，在短期內或許不是很明顯，但是從長期來看是不利於企業發展的。更重要的是，由於是「親」，當違反企業

規章制度的時候，往往礙於情面，懲罰起來變得非常困難，並可能導致制度的失效和管理的混亂。公司的管理摻進很多非經濟的因素，最終將不能正常運轉。

　　如果存在以上情況，那就是典型的家族式企業了。家族化經營帶有一定的封閉性，家族觀念根深蒂固，使得引入優秀人才比較困難。而企業又要發展壯大，急需人才加盟，此時只有從家族內部挖掘，結果家族中一些資質平平、能力一般的人進入了高層。儘管這些人不比其他員工的貢獻大，甚至還要小，他也會因自己的特殊關係而爭權奪利、不幹實事、頤指氣使、自封「元老」、養尊處優並要獲得超額利益，這對執行企業的管理與激勵機制打擊很大，會嚴重影響到非家族成員的工作積極性，進而影響到企業的進一步發展壯大。雖然「舉賢避親」可能會讓你錯過一些人才，但權衡利弊，在現代商業環境中，企業若真想發展壯大，管理者就一定要「避親」。

　　有好多企業都是從夫妻店、兄弟店發展起來的，夫妻倒還好說，大不了讓妻子退居二線。但兄弟卻不好辦，大家都要做事業，即使想分開發展，由於產權的模糊，也很難分開。事業要發展下去，兄弟還要做下去，管理者只能靈活掌握了。

合理分配工作

　　我們常常看到每一個行業最先發展起來的企業往往都會在業界留下「黃埔軍校」的美名。這些企業無不遵循著這樣的軌跡：因得人才而發展，因發展人才更多，因利益分配不公，導致人才流失，因人才流失而倒閉。而從中流失的人才不是另起爐灶，就是為他人所用。

　　管理者分配工作應首先考慮分配物件能否完成任務，並保證總體目標的實現。但是，如果長此以往地滿足於這一點，忽視和放鬆對下屬的培養和對工作積極性的調動，勢必帶來團隊生機、活力的減弱和後勁的不足。正確的指導思想應該是遠、近結合，既注重眼前任務的完成，又要注意從長計議，在培養人才，增強後勁上下功夫。比如：對精兵強將要力求少分配或不分配單調、重複、瑣碎的工作，主要讓他們在重點單位和關鍵環節上發揮作用，施展才華，鍛煉提高；對能力比較弱的員工既要交任務、擔責任，又要教途徑、講方法，使其在完成任務的同時，不斷提高業務水準和工作能力；對長期在一個職位上工作而滿足現狀，業績平平的員工要適時放到新的環境中去鍛煉或擴大工作範圍。這樣，就能調節其工作情趣，激發進取意識，保持經久不衰的工作積極性。

　　特別是在需要多人緊密配合才能完成一項具體任務的情況下，在確定人員、明確職責和具體分工時，既要充分發揮各自的優勢，又要注意發揮他們之間的合力和互補作用，力求做到使其心理上相融，性格上相合，能力上相補，達到 1＋1＞2 的最佳效果。比如，派粗心者時，伴一個細心的人；性格急躁的，配個穩健的，使之互相提醒，互相開導，取長補短。

　　《水滸傳》中，為探明祝家莊的虛實，宋江和吳用派了性情急躁的楊林，同膽大心細的石秀並行。「三合土」之所以比普通土結實，原因是土、砂、灰三者有機結合，發揮了各自的互補作用。

　　在同等條件下，管理者分配工作的標準是要平等待人、公平合理；否則，你的下級必定不滿。人們常說「不怕苦，就怕不公」就是這個道理。但是，在內在素質、外在條件等因素均有差異的情況下，既要一視同仁，從嚴要求，又要因人而異有所區別。比如：對能力強、潛力大的員工可適當加大工作難度，提高工作標準；對得心應手、任勞任怨、適合做具體工作的「老黃牛」式的員工，可適當加大工作的負荷量，但又不能懸殊過大，鞭打快牛；對工作能力明顯偏低並有自卑感的員工，在明確分配工作的標準時，既不能放鬆要求，遷就照顧，又要注意接近性和能力度，即「跳一跳能夠著，激一激能上去」，如果可望而不可及，會使其喪失信心，失去希望而產生逆向反應。

　　一個善於用人、善於安排工作的管理者就會在管理上避免許多麻煩。他對於每個員工的特長都了解得很清楚，也盡力做到把他們安排在最恰當的位置上。但那些不善於管理的人竟然往往忽視這個重要的方面，而總是考慮管理上一些雞毛蒜皮的小事，這樣的人當然要失敗。很多精明能幹的管理者在辦公室的時間很少，但他們公司的運轉絲毫未受不利的影響，公司的業務仍然像時鐘的發條一樣有條不紊地進行著。那麼，他們如何能做到這樣省心呢？他們有什麼管理秘訣呢？沒有別的秘訣，只有一條：他們善於把恰當的工作分配給最恰當的人。

　　如果你所挑選的人才與你的才能相當，那麼你就好像用了兩個人一樣。如果你所挑選的人才，儘管職位在你之下，但才能卻超過你，那麼你用人的水準真可算得上高人一等。

　　唐朝的蕭翼以聰明機智而著名。唐太宗酷愛書法，四處搜集晉代

書法作品。當他自蕭翼那裡得知王羲之的《蘭亭序》在永欣寺的辨才和尚那裡時，便叫蕭翼前去索取。蕭翼帶著唐太宗提供的道具——王羲之的其他幾件真品，喬裝打扮成一個落魄書生，來到湖南永欣寺。蕭翼用計得到辨才和尚的信任，與之相談甚歡。一次假裝無意談起書法，並拿出王羲之的字貼給辨才看。和尚一見果是右軍（王羲之曾領右將軍，人稱「王右軍」）真跡，但卻不屑，說這個比不上他所收藏的得意之作。蕭翼假意問是什麼得意之作，和尚說《蘭亭序》，蕭翼冷笑說真品早已失傳，和尚那裡定是假貨。辨才一賭氣，便將《蘭亭序》取出給蕭翼過目，蕭翼吹毛求疵，指指點點，說得和尚半信半疑，將《蘭亭序》與蕭翼帶來的那幾件真品放在桌上，每日比對。幾天之後，蕭翼趁和尚外出，便將《蘭亭序》盜走了。這就是太宗御史拋磚引玉計盜《蘭亭序》的故事。

一個人身上「長」和「短」，不是固定不變的。「長」可以「短」，「短」也可以變成「長」。

管理者分配工作時在允許的條件下，要力求揚長避短，儘量照顧各自的特長，使其有用武之地，這對調動員工積極性使其做好工作是非常有益的，但是，當一個人對自己的「短」，有了深刻的認識和改正的決心，並希望上級考驗時，採取「短兵長用」的方法，往往會達到意想不到的效果。

用人唯才，才能吸引人才

　　曾國藩是中國歷史上頗具影響力的人物之一。在官場上，他對後清王朝的腐敗衰落瞭若指掌，並認為在國家危急之時，需用德才兼備的人以倡正氣之風、行禮治之政。在戰場上，他將選用將領視為最重要的事，並提出選將的四點標準：「一曰知人善任，二曰善觀敵情，三曰臨陣膽識，四曰營務整齊。」由此可見，曾國藩相當重視人才，更深明選拔人才、培養人才的重要性。

　　曾國藩在給皇上的《應詔陳言疏》中提出了一套人才培養、選拔的方法，下面略加介紹，相信對當今注重人才的管理者們會大有幫助。曾國藩說：「將來朝中的卿相、京外的督撫，多半是由內閣、六部、翰林院這些人才最為集中的部門加以選拔。只是，那裡的人共有數千之多，皇上不可能一一了解。因此，培養、選拔人才的職權，不得不交給各部門的長官。所謂培養人才的方法，大致有幾個方面：教誨、鑒別、舉薦，以及破格提拔。培養、選拔人才就好比種田一樣。部門長官的教誨，就如同耕種培土；鑒別就如同剔除雜草；舉薦就如同引水灌溉。至於皇上的破格提拔，就如同及時的雨露，會使稻苗迅速成長。所以，長官如果經常到官署去，就如同農夫天天在田間工作，才能熟悉農作物的生長。只是，如今各部門的長官大都是在宮內做事的人，有時會數個月都無法到官署去，與署員不常接觸，除了掌印、主簿幾人之外，底下大部分人員都不認識，這就如同將稻苗和雜草一起種在田間，但農夫卻不管不問。」

　　曾國藩又指出：「近年來，各部的人員越來越多，因此有的二十年還不能開第，有的終生不能當主簿。而現今內閣、翰林院的人數也

相當於以前的三倍，這些人往往過了十年還無法得到升遷。這種情況本就使傑出人才受到摧殘和挫折，況且各部門的長官又多在宮內，署員終年難得一見。因此當署員的，只有在遞檔給長官簽名時匆匆見一面，向長官報告時說個幾句話，這樣即使署員德才兼備，也不會被長官發現，又怎能被提拔、任用呢？」

管理者必須常和每位員工接觸，必須熟悉每個人的優缺點和性情，唯有如此，才能識別人才、選拔人才。想要做到知人善任，摸清員工的個性和才能是相當重要的。但是，人的個性與才能都有顯性與隱性的成分，有時並不是那麼好掌握，因此必須透過各種方式進行評估。

一個有能力的管理者，對於企業是非常重要的。他不僅能使企業本身充滿活力，最重要的是能使企業的員工目標一致，精誠團結。相反，如果管理者不具備領導能力，則那個企業不僅不會發展，反而會離心離德，甚至崩潰。

松下幸之助非常贊同破格提升人才。他認為，只要選對了人，公司的繁榮就指日可待。他破格提拔山下俊彥出任公司社長就是明證。在日本，依照資歷升遷是慣例，破格提拔人才阻力很大。因此，在真正需要破格提拔人才時必須特別慎重。首先，松下幸之助會和年長的員工進行溝通，使他們同意和支持提升新人。

松下幸之助說：「當你把某人提升為課長時，等於忽視了該課內曾經照顧過這個人的許多前輩。我覺得，如果只是把派令交給新課長並予以宣佈，是不夠的。我主持公司時，總是交代得很清楚，那就是讓課內資格最老的人，代表全體課員向新任課長宣誓。」松下公司的做法頗具意義，當某人接受課長的派令後，他致辭道：「我現在奉命接任課長，請大家以後多多指導及協助。」然後，由課內資格最老的成員，代表全體員工致賀詞：「我們發誓服從新課長的命令，勤奮地

工作。」這麼做，旨在提高新任課長的威信。

在選用人才時，要有敢冒風險的精神和開闊的心胸，因為，有關人才的決策與其他決策一樣，不可能有絕對成功的把握。有位知名的科技公司老闆曾經講過：「引進三個人才，有一個能發揮作用，就算是成功了。」但是，有人不免擔心，花上這麼大筆的人事費用是否值得？假如招進來的是一個庸才或是根本做不出成果的蠢材，豈不是白白浪費金錢？這時，你必須牢記一句話：「不管做什麼事，都不可能有百分之百的把握，但是，只要有七成把握，就可以試著去做。」

戰國時代的衛國是一個經常受周圍大國侵擾的小國。有一天，子思對衛侯說：「苟便是一個能攻善戰的人才，可以任命他統帥大軍。」誰知，衛侯卻回答說：「我早就知道苟便有統帥軍隊的才能，是一個不可多得的將軍。可是，你不知道，他操守有問題，曾經在當官時，從老百姓那裡搜刮了兩個雞蛋，所以我不用他。」

子思雖覺好笑，但仍委婉地對衛侯說：「古往今來的賢明君主在選用人才時，就好像木匠選用木材一樣，取其所長，棄其所短，像幾抱粗的木材是相當好的木料吧，只是中間可能有幾尺已經腐壞了，但高明的木匠並不會把整根木料扔掉，而是選用其中完好的部分，選人、用人也是這樣。現今情勢不穩、戰亂頻生，非常需要有才幹的人，所以各國都在招賢納士，但衛侯您卻因兩個雞蛋的問題而把一個能率領千軍萬馬、能攻善守的將軍丟棄不用，這實在太可惜了！」衛侯聽了這番話後，終於醒悟過來，笑著對子思說：「我明白了。」

又例如，某公司的經理決定任用一個坐過牢的工人當分廠的廠長，這件事在公司內掀起了軒然大波。原來，經理在調查這個分廠時發現，這家工廠的工人平均每人每天組裝十到十六隻電鍍表，但那個坐過牢的工人所在的小組，平均每人每天組裝四十到五十隻電鍍表，這全歸

跳槽危機
要與他並肩殺伐，或看他叛逃敵方？

功於那名工人是這小組的組長，在他的領導下，組內每人的效率都相當高。經理頂住輿論的壓力，升任這名曾有劣跡的工人。果然在那名工人擔任廠長後，整個分廠的工人每人每天都能組裝四十隻電鍍表。有人仍不服氣：「連坐過牢的人也能當廠長，那人人都可以當廠長了。」

聽到這樣的反對聲音後，公司經理理直氣壯地反駁說：「你能把組裝效率從十隻提高到四十隻嗎？如果不能，就要誠懇地承認對方有能力，比你強。」

不要苛求自己引進的人才非得百分之百成功。如果你不敢嘗試，就會把許多具有真才實學的人拒於門外。反過來說，你想要引進適合的人才，就必須有敢冒風險的精神，做好交學費的準備。從這個意義上說，即使你引進的人才無法幫助自己拓展事業「版圖」，也並不能說明你當初的決策是錯誤的，更不能停止自己今後引進人才的步伐。

摒棄等級成見

在亞州，「級別」是很重要的。古代儒家經典《禮記·曲禮》有「禮不下庶人，刑不上大夫」的說法，這是中國古代等級制度下的產物。由於這種歧視普通老百姓，抬高貴族階層的封建等級觀念非常符合統治者的利益，因此在延續中不斷地得到增強，也因此而影響了一代又一代的亞洲人。

假如一個企業沒有一定的等級劃分，那它是無法運轉的。但每個管理者都應該注意，不能讓等級制度成為用人方面的包袱。須知，在用人時，遵循一定的制度是有必要的，但如果大受等級的約束就會扼殺員工的能動性，遏制創新，使整個企業處於沉悶的氣氛之中，最終造成企業的人才危機。

人們評價各種就業現象時，喜歡按照能力等級和職業等級對號入座。學歷低的人找到一份很好的工作，人們就會懷疑其能否勝任。學歷高的人找到一份普通的工作，人們就覺得浪費了人才。一直以來，人們認為保全是低等工作，甚至嗤之以鼻，碩士當前屬於高學歷，碩士當保全，豈不是笑話？這種等級觀念實際上是一種認識誤區。個人的能力需要綜合考慮，不能只靠學歷衡量，學歷低不等於能力差，學歷高能力不一定強，這早已被證明。迪士尼公司在用人時，從不看員工的職位級別，只看才能。

迪士尼高層管理人員麥可·艾斯納，在參觀公司的一個名為「革新」的電腦技術展覽會時，覺得這個展覽會毫無想像力和鼓動性，根本不能說是革新。因此，他便停下來問展覽會上的基層工作人員，怎樣才能使展覽會生動起來。他從工作人員的口中得知，有一個叫戈梅斯的

跳槽危機
要與他並肩殺伐，或看他叛逃敵方？

工作人員，曾談過許多使展覽會有生機的辦法。於是，艾斯納找到他。當艾斯納聽完這位工作人員的意見後，便立即要他把這些意見寫成備忘錄，並最終讓戈梅斯自己把它們付諸行動。這使得展覽會取得了極大的成功。事後，兩名迪士尼零售店的員工，在一次全公司的研討會上得知了這件事，他們說：「邁克爾艾斯納從來沒來過我們店裡，否則，他肯定也會願意採用我們的辦法。」這也正是迪士尼公司的文化——公司用人會考慮各個階層的各個人員，無論他們的職位高低。

如今的等級觀念有愈演愈烈之勢。各級企業機構中等級森嚴，有形的是什麼級別行使什麼權力，享受什麼待遇，而這並不重要，重要的是無形的、意識形態的。官大一級壓死人就是這種觀念的具體體現。有理不如有權，官大則表准，人微則言輕。身份低的即使有理，在身份高的人面前也不能強辯，否則就被認為是「大不敬」。如果斗膽傷了上級主管的「面子」，那就會讓你「吃不了兜著走」了。明智的管理者應該認識到，任何限制員工發揮才能的等級成見，都是有百害而無一利的，應該堅決摒棄。

因為等級成見會使企業缺乏縱向交流，壓抑員工才能的充分發揮。然而，現在的許多企業卻還存在著這樣的情況，他們戒守著森嚴的等級制度，提倡用人必須一步步提升。這使很多真正有能力的人受到限制，也使企業內部存在著太多的界限，阻礙了資訊的自由流動，同時也為企業內的決策、思想以及人員的流動設置了障礙。

有一家成立於上世紀 70 年代的老紡織公司，就曾經因為等級成見，導致用人失策，公司管理混亂，最後毀於一旦。這家公司成立之初，也取得過不少驕人的業績，這都得益於任人唯賢的管理思想。那個時候，員工有什麼意見或想法，都可以直接找經理交流。用人也沒有固定的等級制度，很可能昨天才進公司的人，因為確有卓越的能力，

明天就成了部門主管。但是，隨著公司的不斷發展壯大，人事方面也就越來越「規範」，形成了一定的模式，越級提升、交流更是被許多主管、經理禁止。他們認為，這樣公司便沒了規矩，他們沒有想到的是，這種「規矩」，就是一種等級成見，而這種成見又使公司最終走上了一條不歸路——各部門缺乏縱向交流，使「論資排輩」蔚然成風，剛加入公司的青年才俊，因為看不到希望而離去，而留下的一些「老資格」也成了一群腦中塞滿成見的人，他們跟不上時代、跟不上變化。人才的嚴重不足，最終導致了公司的破產。

可見，等級成見對於用人來說，是一個很大的障礙。一旦管理者形成了等級成見，就會使員工失去工作熱情，打擊員工的創造力，因為熱情和創造力都是無任何「規矩」可言的，它們都是靈感的啟發。如果管理者硬是要將其限制在「等級」的圈子中，那它就毫無意義了。就像籃球運動，雖然每個隊員都有自己的任務：防守、助攻、前鋒、後衛，但這些都是不固定的，當情勢有了變化，每個人都要跳出自己的職責，隨機應變。而等級成見，卻好像是要一個後衛只做後衛，當球在他手上，他有絕好的投籃機會時，也要把球傳給前鋒。這無疑是非常迂腐的。

所以，作為一個企業的管理者，明智的方法是不被等級限制，在用人時就必須注重人才真正的能力。

善於挖掘人才

　　企業除了開發利用好自身的人力資源外，還要善於利用外部的人力資源。借助他人為自己謀利，善於讓他人為自己的企業創造財富。借助他人之力促進企業少投入多產出，飛速發展，走向輝煌。

　　美國企業家比爾·休利特說：「沒有什麼比自己的人才成為對手手中的武器更讓人感到可怕的了。」他非常注重人才的使用與流動，他認為，人才是企業最為寶貴的資產，尤其是同行中優秀的人才，更是企業最難得的財富。他們不但有你所需要的一流的業務技能，而且你還可以從中了解到對手的一些情況。所以，聰明的管理者都善於從對手那裡挖掘人才。

　　斯科公司曾經透過多種途徑試圖雇用戈拉曼飛機公司的工程師瑞克斯，但都沒有成功。斯科公司總裁佩恩有些坐不住了，瑞克斯對他來說是一位非常難得的人才，他曾兩次被評為戈拉曼飛機公司最佳雇員，還是該公司幾個重大項目的負責人。於是，佩恩打算親自拜訪瑞克斯，請求他加入斯科公司。

　　佩恩是個聰明人，雖然他非常渴望得到瑞克斯，但是與對方交談起來卻並不顯得焦急，而是「兜起了圈子」。「瑞克斯，有一家出版公司出版了一本關於我們公司的故事的書。我想你對這些一定很感興趣。有時間我可以送你一本，你有時間讀嗎？」一個月之後，瑞克斯打來電話：「佩恩，書中的那些故事都是真的嗎？」「當然了，我沒有必要騙你的。」「但是，我真的不敢相信那些是真的，如果是那樣，斯科對任何員工來說都是最理想的去處。」「那麼你希望去我們那裡看一看嗎？」

終於，瑞克斯按捺不住了，他如約來到了斯科公司，佩恩很榮幸地「請」來了這位工程師。經過一段時間的交談，瑞克斯決定留在斯科，並被安排了一個部門主管的職務。而戈拉曼飛機公司由於瑞克斯的離去，且一時找不到合適的人選，遭受了巨大的損失。

還有一種情景，即一些優秀的員工因為某種原因離開了原來的企業，如果管理者能夠不失時機地將他們納入自己的公司，為我所用，同樣可獲得優秀人才。有些管理者會片面地認為，別人不用的人，肯定能力欠缺，我的公司也不比他的差，我為什麼要撿回來用呢？其實不然，人才是不分地域、無關身份的。別人不用的人才，未必不是人才，況且他離開一家企業的原因有很多種，難道一定就是能力不足嗎？因此，休利特特別提醒管理者：必須善於利用手中的人才，否則就不只是一種人才的浪費那樣簡單的事情了。

上世紀 70 年代，李·艾柯卡在亨利·福特的幫助下當上了福特公司的總裁。但是很快，艾柯卡發現福特是一個毛病很多的人。福特曾要求艾柯卡強行解聘一位高級主管，著實讓艾柯卡頭疼了一陣子，並且在公司經營過程中，福特總是喜歡與艾柯卡唱反調。1978 年 7 月 13 日，福特正式宣佈解聘艾柯卡。而同年 11 月 2 日的《底特律自由報》就同時刊載了兩條重大新聞：「克萊斯勒遭到空前的嚴重虧損「與」李·艾柯卡正式加盟克萊斯勒」。

艾柯卡加盟克萊斯勒後，依靠自己出眾的經營天賦，很快就讓克萊斯勒公司看到了新的前景，並在 1983 年 7 月 13 日，即福特 5 年前解聘他的日子宣佈將為公司償還所有債務。第二年，他便轉虧為盈，成為克萊斯勒名副其實的救星。而在艾柯卡就職於克萊斯勒的日子，福特公司卻面臨了一次破產的威脅。

美國哈佛大學的一本關於現代企業管理者藝術的經典著作中，這

跳槽危機
要與他並肩殺伐，或看他叛逃敵方？

樣評價了艾柯卡：他給克萊斯勒公司帶來了某些東西，而這些東西正是許多其他企業渴望得到的。70 年代中期，在艾柯卡接管克萊斯勒公司以前，該公司的年平均資產收益率約為負的百分之八。也就是說，它在迅速地衰退。1978 年，在艾柯卡接管公司後，避免了倒閉的危險，重建高層管理團隊，進行產品的改進，歸還了巨額政府貸款，兩年平均資產收益率接近正百分之二十。不管以後克萊斯勒公司會怎樣，就現在來看，從任何角度來說，這都是巨大的、十分引人注目的轉變。這本哈佛的經典著作分析說：艾柯卡扭轉危機的成功，取決於「凝聚了個人智慧的一份變革企業的規劃，一個適當的人員體系使企業富有活力。二者結合起來產生了奇蹟。」

許多企業管理者對別處的人才十分留意，也十分重用。但是卻對自己企業內的人才認識不足。這樣的管理者可以說也是犯了不能知己的錯誤。正確的方法是管理者要經常性地進行「人才盤點」。所謂「人才盤點」就是企業內部每隔半年或一年就要讓各層次的幹部、職工實行一次內部調動，以提高人才的使用效率。「人才盤點」包含了三層意思：一是打破以往那種以職位高低、工作優劣評價員工的等級觀念，強調每一個職位都重要，每一個人都可適應在不同的職位上進行工作，並經受鍛煉；二是強調對人的實際工作能力的培養。一個人在一個職位上待久了，容易麻木僵化，看什麼都習以為常，反應遲鈍。改變一下，換一個職位，讓他們站在一個新的職位上，他們就可能萌發新的從未有過的想法。同時，在新的職位上，每一個人還可能遇到許多新的課題，這就迫使他們鑽進去學習，汲取新知識，以使自己的實際工作能力得到進一步提高；三是注重對人的創造性思維的開發。長期處於一個固定的位置，人的思維就會呈現出既定的模式化的傾向。換個職位，換個角度想一想，往往會使人的思維呈現出發散式、逆向化的

特點，人的創造性思維就會得到極大的激發。

　　在企業內部挖掘人才的另一個方法是放手讓 B 級人幹 A 級事。所謂 B 級人就是指那些具有豐富的知識、充沛的精力和強烈的進取心，但因工作時間不長而缺少經驗的年輕人。雖然 B 級人在經驗上稍差一點，但他們受過良好的教育，知識面廣、接受能力強，更重要的是，他們有著年輕人獨有的本錢——做事熱情有衝勁，積極向上有信心。所謂 A 級人則指那些已經具有一定經驗，工作上比較穩重成熟的中年人。他們有經驗，但工作的熱情及信心顯然不如年輕人。許多成功的管理者都曾嘗試採用「讓 B 級人幹 A 級事」的用人模式。放手讓 B 級人幹 A 級事，不但能激發 B 級人的上進心，發揮他們的潛在能力，而且降低了企業管理成本。放手使用 B 級人，能調動他們的積極性，充分發揮他們的聰明才智，為企業創造更大的效益，而且能促使 B 級人更快地成為 A 級人，以解決企業內部人才斷層的現象，同時節省了培養人才的大筆費用。

　　在這一方面，日本企業就十分重視，他們採用在企業內招賢的辦法，就能從企業內部挖掘出一批天才。喚醒「沉睡著」的人才是日本企業用人的又一高招。許多大企業著重在本企業內部公開招考，求人層次廣泛。如以「你就是管理者」為廣告標題，在企業內部公開徵求新事業的發展方案。凡經審核，被認為可行的，以公司出資百分之九十，原提案人出資百分之十的方式成立新公司，原提案人成為新公司的管理者。事實證明，這類新公司有效地振作了人才的工作熱情。另外，建立向「專制挑戰」的制度，想調換部門的人才可以直接向人事部經理提出申請，審核確定之後即可走馬上任。實踐證明，這些人才由於是自動請調，能力得以發揮，熱情得到充分肯定，企業受益匪淺。

跳槽危機
要與他並肩殺伐，或看他叛逃敵方？

　　其實，企業之間的競爭實質上是人才的競爭。作為一個管理者如何在最短的時間內發現人才、利用人才、開發好人力資源，關鍵是立足於企業內部發掘，決不能使身邊的人才閒置卻常歎人才難求，浪費過多的人力和財力去招聘。在用人時，應明確不是為了克服人的弱點而是為了發揮人的長處。眼睛老是盯著人的缺點，而忽視了他們身上最閃亮的光點，沒有給他們創造應有的條件，就會使他們的潛力得不到發揮。

不要怕自己被超越

　　三國時期的曹操在《求賢令》中說：「惟才是舉，吾得而用之。」意思是說，只要是有才能的人就舉薦做官，我要求得到並任用這樣的人。通用前總裁傑克·威爾許對他的全球高級經理說：「你們的工作就是每天把全世界各地最優秀的人才延攬過來。這就是你們的工作，每天吸引全球最優秀的人才。……你們必須延攬世界最優秀的成員，因為你們有最好的聲譽去吸引他們，你們也有辦法，你們還有股票期權。你們有種種的方法可以延攬最佳人才。如果你們只是隨便找幾個人來工作，你們應該感到恥辱。不管種族或性別，只挑選最好的人才是管理者的職責所在。」

　　「鋼鐵大王」卡內基的墓碑上刻著一行字：一位知道選用比他本人能力更強的人來為他工作的人安息在這裡。這一語道破了管理者應有的管理品質。在企業中，員工是能人的現象隨處可見，否則就會像老人家說的那樣「一代不如一代」。然而管理者對待能力強的員工的態度卻千差萬別，正是由於這不同的態度和做法，不僅影響著能幹的員工的命運，同樣也影響著自身的利益。那麼，作為一個管理者，應該如何對待員工呢？

　　首先，管理者要以欣賞的心態來看待有能力的員工。心態好是指心態要平和積極，不要有嫉妒心理。如果有嫉妒心理，就會有許多變形的行為和語言產生，這大大影響到管理者自身的形象和聲譽。積極的心態是指以欣賞的心態來看待員工。這樣做不僅員工會有自豪感和榮耀感，而且也會積極地把能力都發揮出來，而管理者自身也會受到有才幹的人和有才幹的人以外的人的尊重、信賴和佩服，大家會團結

起來，進行開創性的工作，於是工作效率就會大大提高。因此，員工是能人是值得高興的事情，有能人要比沒有能人要好得多，因為能人可以來做好多工作，而且可以做一般人做不了的工作，解決一般人解決不了的問題。

其次，管理者對待有能力的員工要把握三點：一用、二管、三養。第一是要用。給能人挑戰性的工作，千方百計地調動能人的積極性，讓他們出色地完成工作，讓他們的能力得到發揮，讓他們的才華得到施展，給他們以舞臺滿足感，只有這樣才能留住他們，不然，離去只是遲早的事情。第二是要管。能人毛病多，恃才傲物，有時甚至愛自作主張，因此，必須要管，要有制度約束，要多與之進行思想交流溝通，力爭達成共識和共鳴。目的在於讓他們與你相互了解，防止因相互不了解，而產生誤會和用人不當，出現麻煩和損失。第三是要養。能人往往招致企業中其他人的嫉妒，而且他們往往把持不住自己的表現欲，甚至不分場合地張揚其才華，這就更容易引起別人的反感，因此他們很容易成為企業成員中的眾矢之的。如果管理者一味地偏愛有才能的人，管理者自己也可能受到攻擊和損傷，而如果管理者順應企業中的其他成員的心理需求，對已成為眾矢之的他們給予打擊排斥，他們就很可能離開企業而對企業造成損害。

如果能人是魚，企業就是水，而企業由每一位成員組成，也包括能人自己。因此要引導能人少說多做，做出成績外，還要善意地有技巧性地幫他改掉毛病，同時也要教導企業成員解放思想、更新觀念、見賢思齊，使企業形成團結合作積極進取的健康氛圍，這樣一來再引導他們和企業成員融合在一起。其實只要企業健康良好，自然能留住能人，而且還會培育出更多的能人和吸引企業外的能人進來，使企業成為一個聚賢的寶地。

　　第三是舉薦能人。有機會要力薦有能力的人上，不要擔心他們和自己平起平坐或超過自己。有能力的人上，對管理者自身來說是利大於弊，在一定程度上講是有利而無害，而且對企業來說還可以培養更多的能人，大家看到有才華的人能得到提拔，大家會爭先恐後地提升自己的能力，從而提高整個企業的戰鬥力。反之如果管理者故意壓制能人，甚至讓庸人或小人上，就更加危險，不僅會打擊他們的積極性，使能人對企業徹底失望，而且企業中的其他成員也會有看法，嚴重者會造成整個企業的分崩離析。

　　第四是培養人才。企業中如果人才少或沒有人才，管理者的任務就是要千方百計地培養人才，造就更多的人才，為自己的調職和升遷做準備，也就是說讓人才催著自己升遷。如果自己沒有培養出能人或沒有能人接班的話，關鍵的時候就會使自己的升遷多了一道障礙，試想，如果沒有人來接替你的工作，你能調走和升遷嗎？另外，只有培養出能人才說明你是能人，你是比能人更有能力的人，你能擔任更重要的角色，如果連個人才都培養不出來，那說明你只是小角色，只是一個會幹活的人，你也不可能被更高級別的企業和管理者看中，升遷到更高的職位上，或擔任更重要的角色，勝任更重要的工作。因為所有的工作都是由人來做的，你不會做人的工作，只會做事，但一個人又能夠做多少事情呢？自己企業輸出的人才多，有很多人才到企業以外的系統任職，對你自身和企業來說都是一筆很好的資源，為自身和企業的生存發展創造一種良好的寬鬆的環境。

　　清朝後期，官場一片腐敗，軍隊戰鬥力薄弱，百姓怨聲載道，1851 年太平軍在廣西金田起義，一路北上，勢如破竹，打遍了整個江南，清朝官兵畏之如虎，都不敢接戰。服喪在家的禮部左侍郎兼兵部右侍郎曾國藩受命在湖南辦團練，組建了湘軍，這支軍隊後來成為鎮

跳槽危機
要與他並肩殺伐，或看他叛逃敵方？

壓太平軍的主力，經過 5 年血戰之後，竟然平息了太平軍起義，創造了戰史上的奇蹟。曾國藩也因此而備受清廷的重視，被稱為「中興良將」、「不世之才」。

曾國藩的成功，在很大程度上得益於他不怕自己被下屬超越，能夠最大程度地發揮部下的能力，讓部下勞心勞力從而取得事業的成功。首先，曾國藩在運籌帷幄的問題上很善於借助部下的智力。

曾國藩組成了一個人數眾多的幕府。從創辦湘軍開始，曾國藩就開始物色人才，羅致幕僚，隨著戰爭的日益發展，湘軍的日益擴大，幕僚人數也漸積漸多。在選人上，曾國藩搞五湖四海。他的幕府中人員範圍廣泛，他也沒有學術上的門戶之見，他的幕僚來自九個省。就出身而言，上至進士、舉人，下至諸生、布衣，等級不一，他均待為上賓。他突破了古代幕僚多為書寫文書、分配錢糧等細務的實務性框架，更多是讓他們出謀劃策，從容諷議，招勇領軍，指點政事，成為「政務性」人員。這一來就借用了他們的腦力，集思廣益，產生了許多思想和方法。

有些管理者擔心員工超過自己，不僅不培養、不舉薦，甚至千方百計地採取壓制、貶損、迫害等卑劣手段，這樣的管理者在害了別人的同時也害了自己。這是管理者的大忌，長此以往必將被企業淘汰出局。

別搞「人才小圈子」

唐高宗在位期間，大臣盧承慶負責對官員進行政績考核。被考核的人中有一名糧草督運官，一次在運糧途中突遇暴風，糧食幾乎全被吹光了。盧承慶便給這個運糧官以「監運損糧考中下」的鑒定。誰知這位運糧官神態自然，一副無所謂的樣子，腳步輕盈地出了官府。盧承慶見此便認為這位運糧官有雅量，馬上將他召回，隨後將評語改為「非力所能及考中中」。可是，這位運糧官仍然寵辱不驚，也不感恩致謝。原來這位運糧官早先是在糧庫混事兒的，對政績毫不在意，做事本來就鬆懈渙散，恰好糧草督辦缺一名主管，暫時將他做了替補。沒想到盧承慶本人恰是感情用事之人，辦事、為官沒有原則，二人可謂「志趣、性格相投」。於是，盧承慶大筆一揮，又將評語改為「寵辱不驚考上」。

不管事實如何，完全憑自己的觀感和情緒，盧承慶便將一名官員的鑒定評語從六等升為一等，實可謂隨心所欲。這種融合個人愛憎好惡、感情用事的做法，根本不可能反映官員的真實政績，也失去了公正衡量官員的客觀標準，勢必產生「愛而不知其惡，憎而遂忘其善」的弊端。這樣，最容易出現溜鬚拍馬者圍在管理者左右，專揀主管喜歡的事情、話語來迎合主管的趣味和喜好的情形。

管理者對員工的看法，不能以自己的喜好來決定其好壞。因為人的興趣、愛好、性格各有所異，不能只憑自己的愛好，以己之見來斷定某人是否有用。有的管理者往往感情用事，看到某人的脾氣和志趣與己相投，就把他當成人才。這樣，往往會出現只有情投意合的人才被重用，搞自己的「人才小圈子」，而埋沒了很多為管理者所「不了解」

的人才。

劉備在知道世上還有諸葛亮這個人才之前，只憑個人的喜好作為識人標準，憑個人的印象和臆測選識人才，並自認為自己「文有孫乾、糜竺之輩，武有關、張、趙之流」。殊不知山外有山，人外有人，只憑個人感情來評判人，結果往往會走入迷惑之中。久而久之，就會憑自己的意志來識別人才，對有好感的人委以重任；而對與當政者保持距離、印象不深的人，即使有真才實學，恐怕也不會委以重任。所以說，偏愛、偏惡對人的識才與任用是主觀的，對國家、對事業將會造成不良後果。他常歎自己思賢若渴，身邊無人才，以至於第一次見到司馬徽時竟無端埋怨說：「我劉備也經常隻身探求深谷中的隱賢，卻並沒有遇到過什麼真正的人才。」司馬徽引用孔子的一段話，批駁了劉備的錯誤觀點。他說：「孔子說過『十室之邑，必有忠信』，怎麼能說無人才呢？」繼而又指出，荊襄一帶就有奇才，建議劉備去訪求。這就為劉備三請諸葛亮拉開了帷幕。

以個人喜好來判別人才，最大的弊端是一葉障目、以點帶面。僅僅根據物件的個別特徵，就對物件的本質或全部特徵下結論，甚至從喜愛或討厭一個人泛化到喜愛或討厭一切與他有關的事物，結論往往是片面的。比如，有的主管對屬下的生活習慣、工作之餘的衣著打扮看不順眼，於是就會把他們看得一無是處。而看到某人的字寫得好，就認為他思路清晰，辦事果斷、認真、有條理。因此，管理者僅憑個人意志、個人印象來肯定或否定某個員工的才能，只能空懷愛才之心，不會得到真正的人才。最典型的事例要算是秦始皇以自己的愛憎標準來判定「接班人」，致使江山斷送的那段歷史了。

秦始皇特別不喜歡長子扶蘇，認為他的一言一行都是那麼不合理；卻偏愛幼子胡亥，這與他重法輕儒有關。秦始皇信奉法家學說，他喜

讀韓非的《孤憤》，韓非的思想對他進行統一戰爭很有作用。韓非指出，國家強弱的關鍵在於「以法為教」、「以吏為師」。由於秦始皇崇信法家思想，蔑視以「仁愛」為核心的儒家思想，更容不得其他思想的存在。恰恰在這個關鍵問題上，扶蘇與之意見相左，他堅持儒家思想，建議以仁義治國，以德服天下。這引起秦始皇的不滿，趕扶蘇去做監軍。因趙高學法，而趙高又是胡亥之師，所以，始皇寵信胡亥。不可否認，秦始皇以法治國對統一中國起了決定作用。但也應該注意到，任何學說都必須隨時代的變化、條件的更新而向前發展，或被其他學說所吸引，或相容並蓄。秦始皇執己之偏好不講德治是一失，而以個人好惡識人，對長子的直諫，不採其合理之言，反責為異端，對那些以法為名、實為害民的胡亥、趙高等人愛之、用之，終於致使秦傳至二世而亡。所以說，識人才，決不能僅憑自己的愛憎，輕易斷言。

　　在企業管理中，有些管理者過於憑個人好惡評價人才，管理者在選人用人過程中常常容易陷入誤區。喜歡的、志趣相投的，就倍加稱讚，即使本事平平，公司裡的大事也要把其召來商議；不喜歡的，往往刁難、非議，即使有才幹也看不到，更談不上重用。這樣做，一是容易導致先入為主的思維定勢；二是容易導致以貌取人的膚淺認識；三是容易導致以偏概全的經驗主義，管理者過分地依靠過去的經驗去發現人才，聽不進別人的意見，接受不了新生事物，那些富有個性的、富有時代感的創新型人才很難被選中；四是容易導致一成不變的僵化思想。原來認為好的，現在一定就好，原來差的現在一定就差，原來犯過錯誤的今後萬萬不可重用。只看一時一事，看不到人才的變化。最終使有才幹的員工傷了心，辭職離開企業。企業的凝聚力是靠人心換來的，人心散了，企業又何談發展。

　　事實上，管理者以自己偏愛、偏惡的標準來識別人才時，大多心

跳槽危機
要與他並肩殺伐，或看他叛逃敵方？

態不正，最根本的原因在於其為人做事沒有原則，感情用事，隨心所欲。這樣的主管自覺不自覺地以志趣、愛好、脾氣是否相投作為識才的唯一尺度，實際上，這是一種把個人感情置於企業利益甚至社會利益之上的錯誤做法。從近處來講，許多與他志趣不投的有才之士，他視而不見，其結果是企業的人才流失；從長遠來看，以個人的好惡識別人才，沒有客觀標準，沒有原則性，在管理上，就會隨心所欲地處理問題，管理制度就會失去約束性和原則性，在管理者周圍就會出現一群投其所好的無能之輩，長此下去，勢必會嚴重影響企業的發展。

　　所以，管理者識別人才時，必須把個人的感情置之度外，拋開自己的愛好與志趣，以整體利益為重，這才是企業發達、人才興旺之根本。

第七章

誰來尊重員工

　　尊重你的員工是企業管理者必須學會的一門功課。管理者要尊重員工的工作成果，無論他們的工作在管理者眼裡看起來多麼不值一提，都是企業不可缺少的一個環節，而且只要他能做得很好，就要另眼相看。事實上，我們有許多管理者並沒有做到對員工尊重，至少有一部分人不是真心的。

尊重員工的工作

　　賴品軒在一家日用產品企業工作時，她發現該公司員工的離職率很高。導致高離職率的原因並非來自工作本身，而在於該機構的管理制度。「事實上員工們都很熱愛他們的工作，但是他們卻感覺到管理者並不尊重他們。」賴品軒說道。「那些員工受到不公正的貶低，並且因對現狀提出質疑而時常受到來自管理員的訓責。員工們對於這種負面工作環境的不滿卻遭遇到公司管理者的置之不理或是否決。所有這一切最終導致員工大量離職。」

　　很多老闆總是埋怨自己的組織裡沒有人才，或者歎息優秀員工的紛紛流失，這是什麼原因造成的呢？員工消極對待工作，尋找各種藉口先後辭職，並非因為其他過多的原因，很重要的一點是工作氛圍，特別是對於優秀的員工而言，他們覺得企業缺乏一種相互理解、輕鬆、和諧的氣氛，而管理者就是這個氣氛的締造者。而要做到使優秀員工安心、快樂地工作，管理者首先要從「尊重」開始，對他們做到尊重、尊重、再尊重。

　　尊重員工是企業管理者必須學會的一門功課。大部分人都喜歡享受工作，喜歡有領導魅力的管理者，而且有著高度的自覺性和進取精神，把工作視為生活的重要內容，願意為自己喜歡的工作付出，願意為尊重自己的管理者分憂解難。如果持續受到尊重，持續得到認可，員工們願意和管理者成為朋友，成為互相促進的工作夥伴。尊重員工就是給予員工一個私人的空間，即使是在上班時間。作為管理者，你不可以也不可能每時每刻都在員工的身邊監督，你所能做的就是指導幫助員工學會時間管理，利用好自己的時間，做好自己職責範圍內的

工作規劃和計畫，做好自己的發展計畫，用計畫和目標管理員工。

事實上，有許多管理者並沒有尊重員工，只是把他們當成會說話的工具。無論他們的工作在管理者眼裡看起來多麼不值一提，都是企業不可缺少的一個環節，而且只要他能做得很好，就要另眼相看。尊重員工的工作成果，成績雖小，也許在你看來微不足道，但對他來說卻是做了很大的努力，因此，你都應當對其給予積極的肯定和鼓勵。

最為關鍵的是，要尊重他們的工作方式以及思維習慣。每位員工的文化背景不同、成長環境不同、家庭教育也不盡相同，所以，每個人的工作方法各異。一個企業的管理者應該更多的注意到員工的工作效果，而不只是工作方式和方法。要和他們多溝通，多鼓勵他們發表自己的見解，在不影響總體目標和成果的前提下，給他們一定的空間按照自己的想法去做，這樣，他們無疑會喜愛他們的工作，他們的團隊。

被稱為全球第一 CEO 的傑克·威爾許，他在通用電氣二十年的任期內，將通用電氣集團帶入了輝煌。他所寫的自傳還被全球經理人奉為「CEO 的聖經」。而在威爾許接手通用電氣之前，他只是集團一個分公司的經理，他是憑藉什麼獲得後來的成就呢？讓我們回顧一下威爾許在做中層管理者時的經歷：當時，他負責的分公司存在一個很大的問題，即採購成本過高，這幾乎威脅到分公司的生存。威爾許為此頭痛不已。後來他想到了一個很好的方法，不僅解決了成本問題，而且還給公司創造了很大的效益。他專門在自己的辦公室裡安裝了一部單獨的電話。這部電話對外不公開，專供公司的採購人員使用。只要某個採購人員從供應商那裡贏得了價格上的讓步，他就可以直接打電話給威爾許。此時，無論威爾許在做什麼，哪怕是在談一筆很大的生意，他都會立刻放下手頭的工作接電話，並且說：「這真是太棒了！」

跳槽危機
要與他並肩殺伐，或看他叛逃敵方？

然後還會給這個採購人員起草一份祝賀信。方法看似簡單，卻非常有效。透過這種直接的溝通和鼓勵，讓採購人員感受到工作的重要性與榮譽感，使得採購人員的工作熱情大幅上升。沒過多久，公司的採購成本就降下來了。節約成本就是創造效益，威爾許用這種辦法創造的效益，不僅體現在節約成本上，它對員工產生的激勵作用，才是更大的效益。員工是公司的基礎，員工的積極性在很大程度上決定了公司的效益。威爾許的電話不僅給公司帶來了效益，更讓員工感到自己的工作得到了尊重，工作的積極性自然就提高了，由此產生的凝聚力、向心力，更會使公司一本萬利。

威爾許懂得尊重員工、尊重員工的工作，就是尊重自己、尊重公司這個道理，這樣不但使公司獲得了短期的經濟效益，更為公司贏得了長久的人力資源效益。

在企業管理中，管理者總是會遇到形形色色的人，即有各種背景的人、有各種性格的人、有不同生活經驗的人，我們要尊重個別的差異和不同，並要找出共同點。一個好的企業文化是能包含不同個性，塑造共同價值觀的。人生而不同，但對工作都會有獨特的貢獻，切不可只用一種人，用一種方法來做事，身為管理者的你要學習用不同的方式管理不同的人。要承認人的最大特點是人與人之間存在的差異，克服自己的偏見。企業是由大家組合而成的，企業的所有者、管理者與員工，大家應該是平等的，只是在工作上扮演的角色不同而已。

IBM 擁有三條準則，這三條準則對公司成功所作出的貢獻，被認為比任何技術革新、市場銷售技巧或龐大財力所作出的貢獻都大。其中，第一條原則就是「要尊重員工的一切」，這條原則早在 1914 年老湯瑪斯·沃森創辦 IBM 公司時就已經提出，小湯瑪斯·沃森在 1956 年接任公司總裁後，將該條原則進一步發揚光大，上至總裁下至傳達室，

無人不知，無人不曉。IBM 公司的「尊重個人」既體現在「公司最重要的資產是員工，每個人都可以使公司變成不同的樣子，每位員工都是公司的一分子」的樸素理念上，更體現在合理的薪酬體系、能力與工作職位相匹配、充裕的培訓和發展機會、公司的發展有賴於員工的成長等方面。

從員工加入公司的那一刻起，他們便開始尋求與組織之間的認同感。當員工越是因被視作群體中的一員而感受到尊重時，他們便越容易產生這種認同感。受到尊重是使員工安心工作並且熱愛自己事業的一種途徑。相反，如果員工發現身邊的同事得不到別人的尊重，他們便會形成公司不善待員工的共識。員工所感受到的來自組織的尊重或輕視都將會對員工的倦怠情緒產生影響。例如，當員工們認為組織沒有給予他們尊重或者尊嚴時，員工的工作熱情將受此影響而銳減，士氣不振，繼而產生倦怠情緒。

惠普是世界一流的大公司，它之所以能夠取得成功，在惠普的許多經理看來，靠的是「以人為本」的企業宗旨。惠普公司「以人為本」的宗旨主要體現在關心和重視員工、尊重員工的工作上。惠普的創始人休利特和當了四十年研製開發部主任的奧利弗，都要經常到惠普公司的設計現場去，和第一線員工交流意見，察看員工們的工作情況。以至於兩個人不再任職後，公司的職員們卻都有一種感覺，好像休利特和奧利弗隨時都會走到他們的工作檯前，對他們的工作提出問題。在惠普公司，管理者總是同員工打成一片，他們關心員工，鼓勵員工，使員工感到自己的工作成績得到了認可，自己受到了重視。這些無不體現了公司對員工的重視和關心，員工獲得了公司的體貼與愛護，做出的成績得到了公司的肯定，他們的工作也就更加努力。

我們從以上的例子可以看出，尊重和關心員工，認可他們的工作，

體現出管理者的素質到了何種水準，在很大程度上決定著一個企業能走多遠。優秀的員工一旦得到了管理者的尊重，就會踏實工作，不會找藉口和理由辭職走人。在企業管理中，管理者要用愛心去經營企業，以積極的心態、平等的態度去創造良好的企業氛圍，而這些都要求管理者必須學會對員工「尊重、尊重、再尊重」。

積極對待資深員工

　　管理者對待資深員工要絕對地重視其個人的心態及想法，發現有異常，要及時地給予引導，要使其感覺到自己受到了尊重，才有利於資深員工以更好的心態為公司做事情；一旦對其提出的建議不予考慮、不予採納，讓其沒有感覺到應有的尊重及認可，那麼他就會慢慢地變得以絕對打工的心態來工作，不會完全把公司的事當成自己的事來做，只是做好份內的事就可以，也有可能慢慢地偏離公司，最終離開。

　　某知名公司曾拿出 10 億元補償金鼓勵資深員工集體辭職，對用工作內容改制重新洗牌，激勵辭職員工重新競聘入職。以此事件為導火線，不少企業紛紛效仿，釀成「辭職門」或「解聘門」風潮。無論上述用人單位是真的為了規避當時即將實施的《勞基法》有關「無固定期限勞動合約」的風險，還是資深員工無法勝任職位工作，但資深員工的發展問題確實值得我們深思。每個企業都會有一批兢兢業業幹了多年的資深員工，如何激勵資深員工，使其充分發揮所長是管理者必須考慮的問題。

　　美國一本雜誌首次發表了人們最願意在其中工作的 100 家美國公司名單。人們之所以願意在這 100 家公司工作，一是因為員工能夠獲得平等的尊重，管理者和員工是一種親密無間的朋友關係，同事之間也是一種友好的協作關係。其次是員工能夠從事有挑戰性的工作，能做自己想做的事，具有發揮自己聰明才智的條件，員工在工作中能夠獲得成就感。第三是員工能得到無微不至的關懷，能夠得到許多意想不到的福利，如建立工廠幼稚園，幫助員工購買東西、洗燙衣服，提供托幼補助、午餐補貼、孩子入大學的補助、老人贍養補貼，准許女

跳槽危機
要與他並肩殺伐，或看他叛逃敵方？

員工在懷孕或哺乳期間在家工作或減少工時等等。最後是員工努力工作能得到豐厚的報酬。這些公司對員工具有高度的責任心，收穫了員工對企業的熱愛和忠誠，企業也因為這些員工而獲得了巨大發展。

當企業發展到一定規模時，原有創業的資深員工無論在知識儲備、眼界和精力方面都有了很大的局限，急需一批新生力量充實到第一線來推動企業的發展。但這些資深員工長期以來艱苦創業，要求他們退下來，自然薪酬也會大大降低，於理於情都是不公平的。解決這一問題的方法就是將企業未來的發展與資深員工的切身利益緊密結合起來。在這樣的情況下，推行股權改革有利於解決資深員工的問題。企業獲利，擁有股權的資深員工自然能夠分享到企業的分紅。這樣，資深員工自然會把自己與企業連在一起，從而非常願意並支援把有能力的人推到主管職位上去，或者代替他們的工作。只有企業得到更快、更好的發展，資深員工才會獲得更大的收益。

那些能夠贏得員工忠誠的企業無一不是對員工承諾且確實擔負起了一定責任，表現了忠誠。以哈理遜公司為例，1933 年，正當經濟危機在美國蔓延之時，哈理遜紡織公司因一場大火幾乎化為灰燼。3000名員工悲觀地回到家，等待董事長宣佈破產和失業風暴的來臨。不久後他們收到了公司發給全體員工支薪一個月的通知。一個月後，正當他們為下個月發愁時，他們又收到了一個月的薪資。在失業席捲全國，人人生計無著之時，能得到如此照顧，員工們感激萬分。於是，他們紛紛湧向公司，自發性清理廢墟，擦洗機器，三個月後，公司重新運轉起來。對這一奇蹟，當時的《基督教科學真言報》是這樣描述的：員工們使出渾身解數，日夜不停地賣力工作，恨不得一天做25個小時。

資深員工最大的優勢在於擁有熟練的技術、豐富的經驗，可以充當教練、老師、輔導人員的角色。這種方式不僅有利於新進員工的培

訓，也激發了資深員工的工作動力。一些企業還把被培訓員工的業績考核與資深員工的薪酬相結合，物質激勵與精神激勵同時進行，可謂一舉兩得。企業不是需要非常多的優秀員工，而是需要長期穩定的優秀員工。挖掘資深員工的潛能、培訓其相關技能、提高忠誠度才能真正讓企業擁有長期穩定的優秀員工。比如那越演越烈的勞資問題，別以為企業一腳踢開資深員工就免除了後顧之憂，失去穩定的資深員工對企業造成的損失會更大。在此，筆者建議有勸退、解聘資深員工之心的用人單位正確認識《勞動基準法》，重視資深員工的激勵，善待企業的老將。

美國的強生公司認為：我們對全世界的員工都有責任，每個人都應被視為有價值的個體，我們尊重每個員工的尊嚴和價值，讓他們對工作有安全感，他們的待遇必須合理且足夠，工作環境必須清潔、整齊且安全。我們必須幫助員工履行他們對家庭的責任……我們必須提供同等的雇傭、發展和升遷的機會給那些勝任的員工。另有一些公司則提出了：員工第一，顧客第二。這些公司認為，只有把員工擺在第一的位置，對自己的員工忠誠負責，才會讓員工把忠誠和熱情投入到工作中去。這樣才能把一流的產品、一流的服務提供給顧客，從而贏得顧客的忠誠。

科學技術和組織發展會使資深員工的技藝越來越受到局限，資深員工有被企業邊緣化或者淘汰的危險。曾經非常有價值的技藝也許已經成為不必要的了，但這決不表示他們的技能就一無是處。每個人都是一個技能組合，在變化的環境中，有些技能在貶值，而有些技能則可能升值。愛德格·沙因教授就曾明確指出：雖然一個人的技能不能隨他年齡的增加而增長，但智慧卻可以。「如果等到資深員工四、五十歲以後，到他們學習能力都退化的時候再將他們推到社會去，這是對

資深員工的不負責。」劍橋技術合作公司的總裁賽門也提過：「如果公司失去了一位資深員工，那麼他就需要雇傭兩個新員工，這是因為需要一個員工來頂替原來的職位，而需要另外一個來發展新業務。」另外，一個人技能的狀況與其學習狀況高度關聯，而與年齡的關聯其實不大。雖然年齡對新技能的掌握會有影響，但不能夠據此認定資深員工就缺乏工作技能。例如，不能夠因為資深員工不會使用電腦，就認為他們沒有現代的經營理念。

在條件變化的情況下，企業要全面看待資深員工技能的變化，準確判斷這些變化對組織工作的影響，避免輕易否定資深員工的價值而給組織造成巨額的經濟損失。

讓員工感到自己重要

　　早在上世紀 30 年代，美國西部的一家電器公司的老闆就得出了這樣的結論：工人不單是靠薪資來激發積極性的經濟人，而是需要獲得別人尊重、友誼的社會人。這就表明要管理好員工，首先必須充分尊重他們，使他們感到自己在企業裡是很重要的一員。

　　威爾許在實踐中進一步領悟了這個道理，他在一次部門經理會議上鄭重其事地告誡他的員工：「尊重每一位員工，讓他們感到自己是公司裡最重要的一員，這是管理好員工的有效手段。」

　　美國的一家鋼鐵公司出現了令人頭痛的員工蓄意怠工的問題。老闆心急如焚，他又幫員工加薪，又授權給員工，可是沒有產生絲毫激勵效果。情急之下，公司老闆請來一位管理專家，請他幫忙解決這個棘手的問題。這位專家來到公司後，不到一個小時就找到了問題的根源。當時，公司的老闆說道：「好吧！讓我們在廠裡轉一圈，你就會知道這些骯髒的懶種們出了什麼毛病！」聽了這話，專家立刻就知道毛病出在哪兒了。

　　這位專家開出的「藥方」很簡單：「你們所需要的，就是把每個男員工當作紳士一樣對待，把每個女員工當作女士一樣對待。這樣做了，你的問題不需一夜、就會解決。」工廠老闆對專家的建議半信半疑，甚至不以為然。專家說：「誠懇試上一星期吧。如果不見效果或不能使情況好轉，你可以不付給我什麼。」工廠老闆點點頭同意了。半個月以後，該專家收到一封信，上面寫著：「萬分感謝，詹姆斯先生。你會認不出這個地方了，公司有了奮發向上的激情，有了和睦共處的新鮮空氣。」

　　一個企業中什麼最重要？員工的工作最重要！正因為如此，一些成功的管理者總是想方設法讓員工知道：「我做的是一件非常重要的工作。」這才有利於激發員工的積極性，提升他們的責任感。否則，很難讓一個員工的才智得到充分的發揮。比如，若生產線的一個普通工人在工作中馬馬虎虎，大多數管理者總是會在他面前強調：「雖然你的工作不重要，但是，你的工作卻對接下來的工作至關重要。」而一些「大老粗」型管理者很可能會說：「這麼簡單的工作都幹不好，怎麼能指望你去做更重要的工作呢？」

　　那麼，員工會產生怎樣的想法呢？是自己真的幹不了這份工作，還是這份工作不重要呢？其實都不是，是管理者忽略了員工在工作中的重要性。大多數成功的企業，在對管理層進行培訓時，都會特別強調一點：到各處走動的時候，要多強調員工工作的重要性，多說一些鼓勵性的話。這會不斷增強員工的事業心，讓他們時刻產生一種「自己很重要」的感覺。如此，他們才會願意安心於這份工作，為這份工作更多地去付出。

　　但是許多企業因為受一些條件的限制和影響，從員工進入公司從培訓到熟練，管理者往往會忽略員工個人的價值取向，以及他們在工作中的位置，甚至只記得工作，不記得員工。即使一位優秀的員工，如果企業忽視了他的存在、他的貢獻，那麼在以後的工作中他肯定不會再有更出色的發揮。

　　美國 3M 公司前總裁認為：「關鍵是讓員工感到他們很重要，你要能使一個人感到重要，他就會欣喜若狂，就會發揮出沖天的幹勁，小貓也會變成大老虎。」那麼，如何讓員工感到自己重要的呢？

　　公司曾經的銷售業績並不理想，員工離職率也一直居高不下。為了吸引、留住優秀人才，提升在職員工的工作熱情，公司鼓勵每一位

員工去積極地吸收他人的工作成果，為己所用。但是，這一招並不見效，原因很簡單，在 3M 公司，員工之間的競爭從公司創立的那一天起就沒有停止過，再者，員工因此也會產生一些利益糾紛，所以員工想輕易得到同事的成功經驗幾乎是不可能的。德布莫內也因此變得一籌莫展。看來他的這項改革計畫在公司內部是行不通的。於是他四處走訪，希望得到一些成功企業家的秘密。顯然沒有人能告訴他應該怎麼做。一天，他似乎悟出了什麼，急急忙忙衝進公司，然後對所有的員工說：「你們必須要使自己的工作變得重要！」

有些員工抱怨自己的工作毫無激情可言，而羨慕同事的工作很有挑戰性、有情趣。於是，公司會滿足這些員工的要求，讓他們自行挑選公司內部自己喜歡的，並且自認為擅長的職位，然後給他一周的時間去嘗試。有些優秀的員工還因此得到了一份新的工作。一般情況下，這些員工在新的職位上工作都比較賣力，並且力求在管理者面前證明自己，從而贏得一種「自己很重要」的感覺。一位優秀的員工，這種感覺是必不可少的。這對他們來說，往往會激發出一種責任感與精神動力。

讓員工覺得自己很重要是人性化管理的必然要求，只有員工的私人身份受到了尊重，他們才會真正感到被重視、被激勵，做事情才會真正發自內心，才願意和管理者打成一片，才願意站到管理者的立場，主動與管理者溝通想法、探討工作，完成管理者交辦的任務，心甘情願地為團隊的榮譽而付出。

關心員工的身心健康

現代社會緊張的節奏、激烈的競爭、過度的工作壓力等，使人們的思想、價值觀、心理、行為等發生了一系列變化。使員工長期處於疲勞、煩躁、壓抑的精神狀態下。各種負面情緒如不及時宣洩，不僅嚴重危害員工的身心健康、降低工作效率，還會影響企業的效益和發展。這客觀上需要人們及時有效地進行自我調整來適應新的生活與工作環境。而企業的管理者們也已經清楚地意識到，員工的心理健康問題如果沒有得到及時有效的疏導，會給企業的聲譽造成極大的影響，其程度不低於「剎車門」對豐田的影響和「漏油門」對英國石油的影響。

一名非常優秀的大學生畢業後進入了一家私營企業，不到兩年的時間，他便成長為公司的幹部，但正當他備受公司認可的時候，他卻突然提出辭職。上級主管很是不解，私下溝通才知道了他離職的真正原因。他說：「除了上下級關係之外，我實在無法認可我的領導。我與他一同出差，路上意外生了病，他卻不理不問，一味督促我提前完成任務、縮短行程安排。我無法從內心尊重他，在日常工作中總是難免有意見衝突。」

一件小事，讓公司苦心培養的人才盡付東流，我們在感歎這位員工承受力不夠的同時，是否能夠想到主管的失職之處呢？

我們都知道應當善待員工，因為組織的任務最終要靠他們來完成，而且，他是與你朝夕相伴的戰友。你應當真正地為他們著想，決不是偶爾的問候並讓他們知道你很關心他們。

許多企業都很關心自己的員工，卻很少提及他們的心理健康因素。

其實，員工由於在工作中有情緒波動、心情不佳的情況，他們的思想就會開小差，或對設備檢修不徹底、或簡化標準化作業程式、或為減少故障延時採取非正常手段處理設備故障等，為事故埋下隱患。

如果哪個員工有不健康的職業心理，他就會在工作中有所表現。比如，因收入分配不公、提幹無望、家庭經濟困難、人際關係緊張等因素，在心理上造成壓力，如果不能及時有效地排解，久而久之，心理就會扭曲變形，進而演變為不健康的職業心理。而不健康的心理總會找一個宣洩之處，性格外向的人會直接向上級發火、發牢騷，故意對著幹，不服從指揮；性格內向的人則可能情緒低沉，借酒澆愁，不思進取，渾渾噩噩。給企業造成的負面影響主要有：缺勤率、離職率、事故率上升，人際衝突加劇，工作積極性和創造力下降，工作效率和業績下降，客戶服務品質降低，人力資源管理成本上升，企業內部的合作與競爭氛圍受到影響等。

企業關心員工的工作狀況、生活條件時，也應該關心員工的心理健康問題，否則，這個系統就是一個有缺陷的工程，是一個不完整、不科學的體系。解決員工心理問題是保證安全生產、長治久安的根本措施之一，我們應該把它放在顯著的位置，列入重要的議事日程中。

企業的管理者都應明白：關心員工的身心健康，就是關心企業的健康成長和持續發展。對於企業來說，採取有力措施幫助員工降壓減負，關心並保護員工的身心健康，無疑應該成為企業管理者面臨的一項重要而緊迫的任務。因為我們看到，在損害員工身心健康、導致員工身心疾病的職業因素中，有企業制度不合理、不科學的弊端對員工的嚴重束縛；有企業運營機制、管理機制不順對員工的嚴重傷害；有劣質的或過時的企業文化對員工的嚴重困擾；有勞資關係對立、幹群關係緊張和人際關係的疏離對員工的嚴重打擊；有違法悖德、喪失人

性、巧取豪奪對員工身心的嚴重摧殘；有組織局限、報酬不公和模式落後對員工的嚴重壓制等。美國經濟學家蓋瑞·貝克提出人力資本是企業競爭力的最主要因素。而身心健康問題的凸顯，會嚴重影響勞動者人力資本的品質，從而影響人力資本的收益。

這些因素，既是損害員工身心健康的職業壓力，也是阻礙企業健康成長和持續發展的強大阻力。大量調查研究都表明：由這些因素形成的過重的、不當的職業壓力，不僅損害員工的身心健康，而且也損害企業組織的健康。因此，關心員工的身心健康，幫助員工克服或減輕職業壓力，就是消除企業或組織前進的阻力，解開束縛企業發展的枷鎖。因此，現代人力資本投資應該增加心理健康投資的內容。心理健康投資包括心理知識學習、心理調節培訓、工作環境改善、心理諮詢、心理治療等，目的是預防和解決心理問題，保持心理健康。

在企業講以人為本的時候，首先應該以員工的身心健康為本，不關心員工身心健康的老闆不是好老闆，不關心員工身心健康的企業是不負責任的企業，這樣的老闆與企業是沒有未來的。管理者要多參加員工的活動，了解他們的苦衷，及時與員工溝通，仔細傾聽員工的意見。尤其對於員工提出的建設性意見，更應予以重視，細心傾聽。若是一個好主意並且可以實施，則無論員工的建議多麼微不足道，也要切實採用。員工會因為自己的意見被採納，而感到歡欣鼓舞。即使這位員工曾經因為其他事情受到你的責備，他也會對你倍加關切和尊敬。

企業管理者還要給員工創造良好的工作環境，讓他們知道你處處體貼他們。還要認同員工的表現，向員工表示讚賞，保持和藹的表情。一位經常面帶微笑的管理者，誰都會想和他交談。即使你並未要求什麼，你的員工也會主動提供「情報」。管理者的肢體語言，如姿勢、態度所帶來的影響也不容忽視。若經常自然地面帶笑容，自身也會感

到身心舒暢。保持正確的舉止，在無形中已引領你邁向成功的大道了。有許多運動員，都表示過類似的看法：「我會在重要的比賽之前，想像自己獲得勝利的情景。此時，力量會立刻奔湧而來。」一個保持愉悅的心情與適當姿態的人，更容易受到眾人的信賴。

　　不關心員工身心健康的管理者不是好的管理者，不關心員工身心健康的企業是不負責任的企業，這樣的管理者與企業是沒有未來的。幸運的是，越來越多的企業已經意識到這個問題的嚴重性。人本管理、人性關懷已成為時代趨勢和國際潮流。以人為本，在企業中表現為以員工的身心健康為本，一些企業也紛紛採用薪資、福利和培訓等方式激發員工的主動性和積極性，幫助解決員工心理問題。

培養員工的團隊意識

　　單打獨鬥的時代早已經遠去了，我們邁入合作就是力量、講求團隊默契的新紀元了。領導幹部不再是明星，雖然位高權重，擁有領導統禦的大權，但是如果缺少了一批心手相連、智勇雙全的跟隨者，還是很難成就大事的。任何組織，不管他們是一支球隊、樂團、特遣小組、委員會或是公司內的任何部門，需要的不僅是一位元好的管理者，更需要的是一位能投注於團隊發展的真正領導人。

　　對企業管理有豐富的經驗，並以負責教育訓練工作而聞名於世的威廉·希特博士提議管理者要用「參與式」管理來替代「專斷式」管理。他認為：「與其試著由一個人來管理組織，為何不讓整個組織一起分擔管理的功能？」希特說得可真是直指人心，因為在專業分工的發展環境中，我們愈來愈需要大家一起互動運作，通力合作，惟有這樣才能快速、順利、有效地完成工作。畢竟，一個企業的榮辱成敗，絕大部分取決於團隊合作的程度。有鑑於此，做一個跟得上時代的真正管理者，實在有必要花些時間和精力，做好建立團隊和復甦團隊的工作。

　　老闆應該學會營造團隊合作的氣氛。老闆將任務壓給各中層管理者，將資源配置下去，將權力也授權下去。讓中層先各司其職，在這個小圈子裡先有合作的概念。讓他們的身體力行來影響員工。鼓勵他們彼此協作解決問題，而不是事事都由自己來仲裁。對於自己不動腦子，為圖省事，事事上報的員工給予指導：「出現一個問題，你採取了什麼措施，聽取了哪些人的意見，現在解決到哪一步，真的非要我幫你解決嗎？」

　　老闆普遍有一個毛病，就是喜歡事事自己做主，時時有人報告工

作。如果老闆整日忙於這些瑣事，還有什麼時間思考戰略，還有什麼時間做決策？做老闆該做的事情，該放手的就放手。既然是團隊合作，每個人都在其中，是大家的事，而不是組織中優秀成員的事。當然優秀成員的帶頭作用不容低估，但如果只有他一個人或幾個人這樣，結果很可能有兩種：要麼他一如既往，其他人按部就班；要麼他被組織中的其他成員同化。很少有以一人之力改掉組織慣性的。所以從主管到中層對員工進行這方面的培訓就迫在眉睫。有些企業的員工普遍把工作當成一種謀生的手段，沒有遠大志向，對金錢也沒有太大奢望，加上自身的學習能力不強，有一小半人抱著混日子的思想。抱著一種對得起自己的薪資，過得去就行了的心態工作。所以對他們的培訓要做精心的準備，根據他們的心理接受能力，及性格特點，有針對性的準備培訓方案，多安排案例講解，少提理論；多讓他們參與，少故弄玄虛；多一些笑聲，少一點嚴肅。或者請專業職業培訓機構的人來做培訓，這樣效果會更好一些。

　　管理者要在員工身上花時間，了解他們的喜好、特長、關注點。讓大家能夠取長補短。將合適的人安排到合適的職位上去，讓團隊合作成為可能。在日常管理中要注意強調團隊合作觀念，鼓勵團隊合作意識。一個好的團隊是不需要命令的，當有問題發生時，即使已經是下班了，他們也會三五成群，坐在一起研究一下，哪裡出了問題，怎麼解決最合適。在遇到問題時充分引導大家提出意見，並積極全面地考慮大家的意見，讓每個員工都有參與的感覺，都有被重視的感覺。久而久之，大家便會養成一種團隊合作的習慣。

　　對優秀團隊設定獎勵制度是對團隊成績的一種肯定，會激起團隊成員的滿足感、成就感與歸屬感。也在一定程度上加速了團隊合作意識的普及速度，從而使企業內部的潛能得以儘快的挖掘和充分的發揮。

跳槽危機
要與他並肩殺伐，或看他叛逃敵方？

　　為什麼日本企業中會有那麼強的團隊合作精神，讓我們看看他們是怎麼做的。在日本的企業中，要有獎金大家統統都有，要沒有就都沒有。組織中有人有、有人沒有，就表示組織中有人優秀、有人不夠優秀。若是如此，不夠優秀的人就沒有面子。這樣大家就感覺不再平等，就會阻礙有效合作的進行。日本企業中的每一個人都是企業的一份子，工作中大家都要有貢獻，一個人不能完成就上一個團隊。所以日本企業的凝聚力很高，員工在一個企業通常會工作一生。我們未必要做到這種程度，我們只要把企業內部的潛力挖掘出來，就會做出了不起的成就。想想我們只是在為員工的雙手支付報酬，而不是大腦。小企業常常抱怨廟小力薄，其實他們忽略了自己身邊的一個個充滿創造力的個體，而任其將智慧深埋心底。

　　任何企業能夠成功，首先歸功於有合適的人才在合適的職位上。但光有了人才，彼此間不合作也是枉然。有些企業老闆抱怨，我不是沒意識到團隊合作精神的重要性，只是我沒錢做培訓，也沒這個精力做這件事。這個理由似乎很充分，其實是懶惰和不負責任。你覺得很重要的事情卻不去做，是不負責任；你覺得做不到的事便不去做，是懶惰的原因使然。除非有哪個老闆說，我賺的已經夠多了，不想再賺了，否則這種想法是不值得原諒的。因為企業是以贏利為目的的組織，別忘了自己的目的和對員工的責任。

為員工創造良性的競爭環境

　　不知你發現沒有，幾乎所有的老闆都嚮往具有良好企業文化的公司，都在設法強化自己的團隊，使其成員能夠協同配合，具有更強的凝聚力，創造更高的效率。但是，又有多少老闆能真正地做好「協同工作」，倒是常有人調侃地說出一句《天下無賊》裡的經典臺詞：「人心散了，隊伍不好帶啊！」

　　某公司品質部門的張主任，正面臨這樣一個問題：檢驗員李偉文和吳雪峰因對檢驗報告的遞交程式有分歧而產生衝突。李偉文建議將檢驗報告交給負責樣品生產部門的領班，而吳雪峰則建議將報告直接交給操作人員，以便儘快地加以糾正。他們倆都是出色的團隊成員，就此問題，他們針鋒相對地交換意見，雙方都各有各的道理。

　　李偉文和吳雪峰都非常喜歡競爭，經常或明或暗地「鬥法」。但是這樣，經常會使其他成員感到不愉快，一些本來容易解決的問題變得難以決策，不得不開會討論。部門裡有競爭是好事，但是張主任由於控制不當，放任自流，所以造成抱怨聲不斷的後果，影響了公司的氛圍和工作效率。

　　競爭是大自然的生存法則，也是現代企業成功激勵的一個原則和方式。良好的內部競爭，是員工的創造力和工作士氣的有力保障，是企業成功的必要手段。心理學實驗表明，競爭可以增加員工50%或更多的創造力。其實，即使隊伍好帶，遇上沒有控制力的管理者，照樣人心渙散、精神委靡，照樣勁頭不足、無法「協同作戰」。「千里之堤，潰於蟻穴」，企業的失敗往往從管理者所忽視的方面開始，緊接著企業的發展可能違背了企業管理基本規律中的一條或幾條，遭遇了企業

成功路上的「攔路虎」。

　　在美國的矽谷流行著這樣一種工作意識：「業績是比出來的」，沒有競爭永遠成就不了一流的成果。那裡的企業管理者注重持久性地延續員工的「競爭」觀念，培養員工的競爭意識和競爭能力，增強員工對於「競爭」的認可度。他們努力讓所有的員工都意識到：已有的輝煌只是暫時的，稍有懈怠，個人和企業的競爭實力就會一瀉千里。透過競爭管理機制，使員工強烈意識到競爭的存在和無情，最大限度地發揮主動性和潛力，不斷拼搏、進取、創新，使企業擁有強勁的、比較均衡的競爭力，為企業逐鹿未來市場奠定基礎。

　　成員的協同是團隊的內在需要，構成了團隊的基本工作，也確定了經理人的任務。但有許多經理人和研究人員對於協同配合的關鍵性作用表示懷疑，他們可能更習慣於從具體資料考慮問題，所以讓他們覺得模糊不清的是：團隊成員協同配合對於他們責任心和能力，對於解決問題和對環境的適應，以及對於經理人發揮作用到底有何影響。我們在上文已經提到，協同配合直接影響著企業的競爭力和效率，協同得好，員工可以在技術、技能上取長補短，共同爭取完成企業的總任務；反之，他們的信心和熱情會逐漸受到傷害。

　　心理學研究表明，團隊內的協同配合不僅是對人類相互聯繫、相互尊重的重要需求的滿足，而且是對學習、社會能力、自我價值感和自我控制感、社會幸福感和心理幸福感等要求的滿足。總之，結構合理、溝通順暢、效率明顯的協同配合能給個人帶來很多好處，當然，帶給整個團隊的好處就更大了。因此，老闆們還等什麼呢，快點起程，開始我們的「協同」之旅吧。

　　我們一直在強調「協同力」，但這個詞彙可能在大家的腦海裡仍然是一個抽象概念，可能有些老闆已經急不可待了，心裡暗暗在想：

別廢話了，快點告訴我怎麼做吧！我們既然豪言「協同力可以練就」，那麼一定不會讓你空手而歸，我們將協同力的練就過程進行了分解，將分步幫助老闆練就協同力。不過管理者或經理人也必須記住：要按照步驟，透過有意識的學習和實踐，才能讓自己具備卓越的協同力。

沒有目標就沒有方向，團隊的發展要緊緊圍繞團隊目標。練就協同力，首先就是要設定一個共同的、容易產生立竿見影效果的目標，並帶領你的團隊努力地去實現這個目標。其次就是要把目標清晰地呈現給你的團隊成員，並且一定要邀請他們參與進來，讓他們幫忙把目標界定得更加具體，或者讓他們幫忙把相對較大的目標劃分成相對較小的目標，並確定里程碑事件。但你要注意及時地與團隊成員進行溝通，糾正目標存在的誤解，明確目標界定不夠清楚的地方。

由於種種原因，團隊可能會偏離其目標發展的方向。無論是因為你的領導風格的原因，還是團隊內部工作的原因、團隊內部矛盾的原因，都可能導致團隊成員的方向感漸漸變弱，大家也很容易忘掉一些細節。所以，經理人要鼓勵團隊經常性地談論團隊目標，經常性地回顧最初所制訂的團隊目標，討論團隊所採用的方法是否合理，這樣可以使大家形成合力，從而使整個團隊上下通力合作，朝著共同的目標邁進。總之，你要做的就是想盡各種辦法讓制訂的目標深入人心，使大家始終都能明確共同的目標，擁有正確的方向感，並讓他們感到自己與目標任務是融為一體的。

企業管理者常常陷入一個誤區：只關注於事。作為一個管理者，你至少應有 60% 的時間來關注人，而不僅僅是事情。職位越高，這個比重就應越大，大部分的事情應該由你的員工去關注。而口號是：關注所有的人和事。當然，我們這裡所說的「關注所有的人和事」，並不是所謂的「事必躬親」，更多地是強調管理者要能夠統籌兼顧團隊

成員以及團隊所出現的問題和情況，並及時加以解決。但是到了具體的管理操作層面，管理者應當更多地關注人，充分了解你的員工，把合適的人放到合適的職位，也就是說，懂得發揮所有團隊成員的才能，使他們相互配合來完成目標任務。

管理者如果想用「競爭」有效地促進員工充分地發揮自己的才能，就決不能讓帶有偏激情緒的競爭代替真正的競爭。憑著公平的競爭，有效地改善員工個人以及群體的工作情緒，這樣，才能使員工的心態積極向上，有更好的表現。管理者在實施競爭策略時，一定要將競爭擺放在公平的平臺之上。失去了公平的競爭是不健康的。為了取得更好的業績、超過別人，員工不再對同事的工作給予支援，而是在背後互相攻擊、互相拆臺；封鎖消息、技術、資料；在任何事情上都擺出水火不容的「我」和「你」的架勢等等，這些競爭勢必破壞全體員工的團結，不利於工作的開展。

因此，在競爭日趨白熱化的今天，競爭是企業生存的最大武器，是促使員工向上的絕對因素。「馬兒眼見就要被其他馬匹超越時，跑得最快。」在員工之間引入競爭，可以最大程度激發他們的好勝心理，滿足他們獲勝、拔尖、成為優秀者的願望，進而讓員工個個成為常勝將軍。

撐開你的保護傘

　　某公司有這樣一個員工，由於與主管的關係不太好，工作時的一些想法常常被否定，從而無精打采、疑心重重。剛巧，另一個公司需要從該公司借調一名技術人員去協助他們做市場服務。於是，該公司的老闆在經過深思熟慮後，決定派這位員工去。這位員工很高興，覺得有了一個施展自己功夫的機會。去之前，老闆只對這位員工簡單交代了幾句：「出去工作，既代表公司，也代表個人。怎樣做，不用我教。如果覺得頂不住了，打個電話回來。」一個月後，那家公司打來電話：「你派出的兵還真棒！」「我還有更好的呢！」該公司的老闆不忘推銷公司的同時，著實鬆了一口氣。這位員工回來後，部門主管也對他另眼相看，他自己也增加了自信。後來，這位員工對公司的發展作出了不小的貢獻。

　　朝內有人好做官，倘若你能給你的員工提供一個有力的保護，那麼你的員工將會百倍地「報效」於你。

　　經營管理好、競爭力強、信譽好的企業，它們有一個共同點，即企業上下團結一致，人際關係和諧融洽，員工情緒穩定正常，企業滲透著一種努力奮鬥、勇往直前的精神，這就是企業的凝聚力，確切地說是企業對其職工的吸引力，以及企業內職工的相互吸引。

　　曹魏大將軍司馬炎，命征南將軍王昶、征東將軍胡遵、鎮南將軍毋丘儉討伐東吳，與東吳大將軍諸葛恪對陣。毋丘儉和王昶聽說征東將軍胡遵兵敗，便各自逃走。朝廷將懲罰諸將，司馬炎說：「我不聽公休之言，以至於此，這是我的過錯，諸將何罪之有？」這一年雍州刺史陳泰請示與并州諸將合力征討胡人，雁門和新興兩地的將士，聽

跳槽危機
要與他並肩殺伐，或看他叛逃敵方？

說要遠離親人去打胡人，都紛紛造反。司馬炎又引咎自責說：「這是我的過錯，非玄伯之責。」眾百姓聽說大將軍司馬炎能勇於承擔責任，敢於承認錯誤，莫不嘆服，都想報效朝廷。司馬炎引二人戰敗為己過，不但沒有降低他的威望，反而提高了他的聲名。

人非聖賢，孰能無過。即使是聖賢也不一定無過。關鍵是有自知之明，有自我發落的勇氣。如果司馬炎諱敗推過，將責任推到下邊，必然上下離心，哪還會有日後的以晉代魏的局面呢？由於統帥在治理軍隊、治理國家時嚴於律己，所以他們在軍民心目中有極高的威信，做到了有令必行，有禁必止，軍隊的士氣旺盛、戰鬥力強。威信，就是威望、信譽，是管理者必須具備的素質。有威信的管理者其計畫、指令、任務容易被員工接受。他的指示、意見令員工信服，他領導的團體就是一部完整的機器，能快速、高效地運轉起來。否則，決不會有所作為。樹立威信的要素很多，嚴於律己首當其衝。

管理者的威信從律己中來，這是一個既淺顯又深奧的道理。「身不正則令不從，令不從則生變。」對於一個企業的管理者來說，沒了這種威信，就沒了感召員工的力量源泉。

幾年前，沈揚威在一家公司負責招募員工的工作。當時，公司需要藥劑師。沈揚威認真研究了應聘者的資料，並篩選出 27 名比較優秀的應聘者，因為當時公司缺乏藥劑師，如果招聘不到足夠的藥劑師，新藥局也就開不成了。

沈揚威投入了很大的精力研究公司的招募要求，很快發現了三個妨礙公司招募的問題。首先，別的競爭對手給藥劑師的薪資相對高一些。其次，公司要求藥劑師在任職之前必須接受測謊器檢測，許多人看到這一條時，就放棄了應聘的念頭。雖然有的公司去掉了這一應聘條件，但因為這一行業有這樣的行業慣例，仍然有人認為公司招聘新

員工時要用測謊器檢測，這對公司的負面影響很大。最後，是公司與大學畢業生的聯繫不夠密切，不了解他們的就業傾向。當公司到醫學大學去招聘時，大學裡的 60 個相關專業畢業生中只有幾個人來公司面試。相關專業的畢業生根本沒有把公司看作是一個理想的工作單位。

為了解決這些問題，沈揚威說服高級管理層，為員工增加薪資。下一步，他就單槍匹馬地展開公關活動。沈揚威到其他公司的連鎖藥局裡與藥劑師們交流與溝通，告訴他們，公司不再進行測謊器檢測。沈揚威向這些藥劑師們宣傳公司的發展方向，讓他們轉變對公司的看法。然後到醫學大學與大學教師和行政人員溝通，讓他們幫助宣傳公司的優厚招聘條件。最後，有近 50 名大學畢業生到公司應聘。結果公司原來的 27 個空缺職位都找到了合適的人選，後來增加的 12 個新職位也找到了合適的應聘者。公司再也不會因為人才缺乏而窘迫不已了。

當沈揚威揚揚自得地沉浸在成功的喜悅之中時，偶然聽到人力資源部的主管對外宣稱他是招聘成功的頭號功臣。一周之後，在一次公司大會上，人力資源部主管得到公司總裁的嘉獎，參加大會的公司管理層稱讚他力挽狂瀾，扭轉時局，他們認為是他促進了公司的發展。當沈揚威忿忿不平地看著他時，他把臉扭轉過去，連看都不看他一眼。此後，他對此事隻字不提。從那以後，沈揚威就像被打敗的落湯雞一樣，再也打不起精神，再也沒有勇氣與動力去主動地解決公司機制性的問題了。主管的伎倆讓沈揚威失去了對公司的忠誠。

既然你是老闆，公司管理者犯錯等於你犯錯，起碼你是犯了監督不力或用人不當的錯。所以管理者闖禍，老闆應冷靜地檢討一下自己，如果完全是因為管理者的疏忽，可把他叫到跟前來，冷靜地幫他分析整件事情，告訴他錯在什麼地方，最後重申，每一個管理者做事都要全力以赴，並冷靜地處理事情，但老闆永遠是他們的後衛。

跳槽危機

要與他並肩殺伐，或看他叛逃敵方？

　　管理者犯錯，老闆也有間接責任。與管理者單獨會面時，老闆應將事情弄清楚，一起研討犯錯的前因後果，並鼓勵他們以後多多與你磋商。無論錯因是什麼，都不能向他們大發雷霆，尤其是在大庭廣眾之下，只有尊重對方，他們才會更內疚，更敢於正視問題，避免日後跟老闆鬧情緒。還有，你應該有管理者的風度──與員工一起承認過錯。另一方面，即使員工有諸多過錯，你仍應站在員工一邊，替他擋駕。不過，擋駕也不能毫無原則。比如，一位客戶向你投訴，你的某個員工無禮，又缺乏責任感，讓他難以承受。你要做的是，立刻替員工道歉：「對不起，他可能只是無心之失，平日他的表現不是這樣的。保證以後不會有同樣事情發生，請您多多包涵。」員工做事不力，你也要負一定的責任。將客戶的怒火平抑了，事情卻仍未擺平，你必須有所行動。然而，立刻找來員工責備一番，是最不明智之舉，應該先靜靜地對事情進行了解。例如，員工平日待人是否是一派傲氣？處事是否馬虎隨便？

　　如果答案是否定的，那麼有兩個可能性：一是客戶咄咄逼人，二是員工偶爾情緒欠佳，不妨提醒一下員工，請注意情緒起伏，或者不了了之也沒什麼大問題。相反，如果事情屬實，員工的確經常得罪客戶，你就必須找員工來懇談一番了。告訴他有客戶投訴其工作態度，而你已代為道歉，並予以訓誨，請他謹記「工作第一、客戶第一」。

別把員工當「出氣筒」

　　有不少管理者都曾因心情煩躁，把自己的下屬當做「出氣筒」，莫名其妙發火。有的下屬因此當場就和我們爭吵起來，有的下屬因此泣不成聲，有的下屬因此怨恨與背離我們，有的下屬因此忍受不了我們而離職，有的下屬因此無所適從，有的下屬因此不求有功但求無過，不再多言多語。管理者心平氣和之後也會為自己不夠冷靜、成熟與理智的行為而懊惱和後悔。

　　周錫瑋是一家電器銷售公司的副總經理，儘管有時會對下屬發點小脾氣，但他並不是一個暴躁的管理者。不過，幾個月前一次亂發脾氣，至今都讓他深為懊悔，暗暗在心中引以為戒。那天一大早，周錫瑋因為要多給老家的父母一些過節費的問題，和老婆吵了一架，心情很差。摔門而出後，一路上看什麼都不順眼。帶著滿腔怨氣，周錫瑋來到了辦公室，看到工程部的王經理正和下屬們聚在一起有說有笑，他的脾氣因此一觸而發，不可收拾。

　　「林國棟，公司是請你來做事，還是請你來說笑話的？」平常都稱呼林經理，此時是直呼其名，語氣嚴厲。「老大，我是在分配今天的工作呢。」林國棟委屈地辯解，和下屬們一起用不明就裡的眼光看著周錫瑋，都覺得今天的他有點莫名其妙。「老大，什麼老大！你以為這裡是黑社會啊？」周錫瑋對著林國棟越吼越凶。自己為公司累死累活地工作，還要受這樣的怨氣，林國棟最後實在受不了了，就和周錫瑋爭吵了起來。最終的結果是：林國棟一氣之下辭了職，投奔到了競爭對手的門下，同時還帶走了幾個大客戶，處處與原公司作對。

　　不少管理者都遇到過與周錫瑋類似的情況。他們之後反省過自己

嗎？又採取過怎樣的補救措施呢？

為了連夜趕到項目所在地，凌晨一點多鐘的時候，某公司老闆還和合夥人驅車行駛在崎嶇的山路上。後面有輛轎車一直緊隨著他們，一直都開著明晃晃的大燈，把他們弄得很難受。「受不了這車了，看我等下怎麼收拾他。」20多分鐘後，合夥人把車靠在了路邊，準備下車跟後車理論理論。後面的車按了聲喇叭，呼嘯著飛馳而去。然而，這輛車的噩夢也開始了。合夥人把大燈打開，死死地跟在它的後面。不管那車的司機如何探頭謾罵，他們依然開著大燈「以眼還眼」，直到這輛車陷進了路邊的水溝。你在後面開大燈射我，我就要讓你跑到前面去也開著大燈射你；因為某人向自己開大燈受了氣，人們就不管不顧地開著大燈往前衝，伺機發洩心中的怨氣。

許多朋友可能都經歷過類似的情況，只為圖一時之快，將自己和他人都置於危險之地。但是，我們是否反思過自己為什麼會這樣做呢？當然，無論誰都會有幾分脾氣，我們也許可以將這個問題歸咎於脾氣和報復心，也可以歸咎於壓力過大、精神緊張，甚至可以歸咎於「自己不好過，別人也別想好過」的不健康心態。但我要提醒大家的是，一些看似在不同的平行線上行進的人與事，極可能因為一個導體形成交叉，產生危險。在工作當中，主管、員工、客戶之間通常是以下面三種方式運行的：一是平行，二是交叉，三是在一條直線上。那麼，誰又是其中激發矛盾與爭執的導體呢？答案就是：人這些情緒化的動物！

在家裡和妻子吵了一架，在路上和另外一輛車發生了一點摩擦，在單位被老闆訓了一頓，在客戶那裡受到了刁難和委屈都可能讓自己帶電。其實，帶電並不可怕，麻煩的是自己是個導體，而身邊的人卻不是絕緣體，一旦遇上，就難免會出現電擊事件。以前運行良好的幾

條電線，現在卻雜亂地糾纏在一起，自然會大大地影響到電路的暢通，對管理績效產生極大的負面影響。所以，我們急需實現的是，使自己由導體變成絕緣體。為了降低帶電作業的頻率，避免管理環境的惡化與管理績效的下降，周錫瑋嘗試著給自己定下了幾條規矩，收效甚佳。他的經驗是：把壞情緒關在辦公室門外。時時告誡自己，必須把工作之外的人和事所帶來的壞情緒，全部關在辦公室大門之外。一旦心裡面憋了氣，周錫瑋就會到辦公室門口做幾次深呼吸，告訴自己：現在是工作時間，那些該死的事到此為止。再就是在氣頭上用冷水洗把臉。每當要發作的時候，提醒自己，下屬不是招進來罵的，而是請來協助自己工作，共同開創事業的，況且還有比發脾氣能更好地解決問題的辦法。

　　所以，即使被自己的老闆或股東批評得一塌糊塗，即使剛剛與客戶發生過激烈的爭吵，管理者也儘量不要鐵青著臉，見到員工就吼。如果還是擔心自己會失控，該怎麼辦呢？不妨衝進洗手間，用冷水洗把臉，迫使自己儘快冷靜下來。就事論事，莫傷及無辜。即使的確是因為下屬出錯，而實在忍不住發了脾氣，管理者也一定要分清責任主體，不要讓無辜者受到牽連。執行制度、賞罰分明、恩威並濟，是替代亂發脾氣的最佳選擇。

跳槽危機

要與他並肩殺伐，或看他叛逃敵方？

第八章

沒有溝通，
哪來和諧的團隊

　　溝通的目的就是消除誤會、統一思想、協調行動，因
此溝通的關鍵在「通」，沒有「通」，管理者和員工之間
說太多也沒意義。溝通是發生在人與人之間的資訊交流，
有著深刻的內涵和複雜的過程，管理者要想真正在團隊
中如魚得水，建立良好的工作環境，就必須對溝通全面
認識，這是防止優秀員工流失的有效手段。

溝通是一切成功的基石

　　管理者的最大使命是管好員工，但如何才能管好呢？靠權威嗎？靠命令嗎？顯然都不可靠，唯有在溝通的基礎上與員工達成默契，才能讓員工接受你的想法、服從你的安排。正如松下幸之助所言：「企業管理過去是溝通，現在是溝通，未來還是溝通。」管理者的真正工作就是溝通。不管到了什麼時候，企業管理都離不開溝通。

　　表面上看起來，溝通似乎非常簡單。事實上也是如此，如果你真正掌握其中的含意和訣竅，其實也並不難。但是，在實際管理工作中，能夠切實做好溝通工作，並表現得可圈可點的人就難得百中有一了。作為企業的管理者，工作的大部分時間都在與人交往和溝通，但當你靜下來的時候，你曾經總結過你的溝通技巧或者風格嗎？是否認為自己的溝通是科學的呢？與他人交往的溝通方式是否易於接受？作為企業的管理者要應對企業內外雙方面的人際交往，而這種人際交往常常在不同層面影響著企業的發展，所以，掌握有效的溝通方式和技巧，會使我們輕鬆應對各種複雜的人際交往。

　　在企業中，上下級之間怎樣才能進行沒有任何障礙的交流？這個問題一直被每個管理者所關注。因為它直接關係到企業的健康發展。

　　對於管理者來說，有效地與員工進行溝通是工作的關鍵。任用、激勵、授權等多項重要工作的順利開展，無不有賴於上下級順暢的溝通。良好的溝通還是管理者與員工之間感情聯絡的有效途徑，溝通得好與壞，直接影響到員工的使命感和積極性，同樣也直接影響著企業的經濟效益。只有保持溝通的順暢，企業的管理者才能及時聽取員工的意見，並及時解決上下層之間的矛盾，增強企業的凝聚力。

作為現代企業的管理者，麥當勞的管理者充分意識到溝通工作在企業的運營和發展中所起到的關鍵性作用。雖然麥當勞的「利益驅動」起了很大的刺激作用，但麥當勞內部強大的凝聚力完全不在於以金錢為後盾，而在於所有員工對麥當勞的忠誠度和對速食事業的使命感。忠誠度和使命感的來源則是麥當勞幾代高層管理者體恤下情、與員工同甘苦的管理品質和管理素質，以及他們那難以抵擋的個人魅力。他們透過頻繁的走動管理，既獲得了豐富的管理資料，又與數百人形成了朋友關係，達到了很好的溝通效果。

克羅克退隱以後，麥當勞的事業迅速壯大，員工也越來越多，企業高層忙於決策管理，一定程度上忽視了上下級的溝通，致使美國麥當勞公司內部的勞資關係越來越緊張，以致爆發了勞工遊行示威，抗議薪資太低事件。示威活動給麥當勞公司的高級管理者帶來了巨大的衝擊，令他們重新認識到加強上下溝通、提高員工使命感和積極性的重要性。針對員工中不斷增長的不滿情緒，麥當勞公司經過研討形成了一整套緩解壓力的「溝通」和「鼓舞士氣」的制度。麥當勞認為與服務員的溝通是極其重要的，它可以緩和管理者與員工之間的衝突，提高工作人員的積極性。而如果忽視了與員工的溝通，不管出於什麼理由都會阻礙企業命脈的暢通，使企業不知不覺陷入麻痺，從而失去許多機能。

麥當勞任命漢堡大學的庫克博士解決溝通的理論問題，擅長公共關係的凱尼爾則為公司解決實際操作問題。他們的工作很快就有了成果。凱尼爾請庫克及其助手古恩設計的「員工意見發表會」變成了麥當勞的「臨時座談會」制度。這種制度在解決同員工的溝通問題上發揮到了非常重要的作用。座談會的目的是為了增強與員工的感情聯絡，會議不拘形式，以自由討論為主要形式，雖以業務專案為主要討論內

跳槽危機
要與他並肩殺伐，或看他叛逃敵方？

容，但也鼓勵員工暢所欲言甚至傾吐心中的不快。計時員工可以利用這個機會指責他們的任何上司，把心中的不滿、意見和希望表達出來，因此所有員工都抱著很高的積極性參加座談會。實踐證明，這種溝通方法比一對一的交流更加有效。為了加強服務員個人之間的交流，除了面談以外，麥當勞還推行一種「傳紙條」的方法。麥當勞餐館備有各式各樣的聯絡簿，例如服務員聯絡簿、接待員聯絡簿、訓練員聯絡簿等，讓員工隨時在上面記載重要的事情，以便相互提醒注意。

麥當勞公司的做法成功地緩和了勞資衝突和對立，管理者從中悟出了一個道理：使用員警不是解決勞資衝突的好辦法，這不但會損害麥當勞的形象，還會使矛盾愈加激化，甚至動搖麥當勞帝國大廈的根基。

溝通應該是雙向的，只是由一個人來說應該如何工作、將會發生什麼事情等並不是溝通。作為管理者，要讓你的員工真正意識到他們能與你進行溝通，並且能夠提出你真正想聽的回饋意見和建議。直接的、友好的朋友式的溝通是現代企業管理者促使員工參與、激發員工工作熱情的最有效的工作方法。但是，你確實要讓員工感覺到他們可以帶著自己的憂慮和想法來找你，而不會受到羞辱或者輕視。

賴品妤是一家軟體公司的銷售主管，能力強，熱愛工作，成績顯著。今年她被派到自己喜歡的高雄分公司，升任業務經理，薪水也增加了。但是，近期她工作不但沒有熱情，甚至還有辭職的念頭。為什麼升職、加薪反而要辭職呢？經了解得知：原來，引起賴品妤不滿的原因來自她的上司。她的上司對剛到高雄工作的賴品妤頗不放心，擔心她做不好工作，總是安排一些很簡單的工作，並且在賴品妤工作時也經常干預。賴品妤工作能力較強，習慣獨立思考問題、解決問題，對上司的頻繁干預，她非常不習慣，並逐漸導致不滿。

　　上面的案例應當引起管理者關注，僅僅加薪、晉級不一定能有效激勵員工，說到激勵，很多人就會想到「薪水」和「獎金」，這些固然重要，但是作為管理者，還必須掌握其他的激勵方法，尤其是那些無「薪」的激勵，則更能體現出管理者能力和企業管理水準。所以需要溝通了解雙方的立場和觀點。當然，要讓員工長期保持旺盛的士氣，絕非如此簡單，還應當採取許多其他的激勵方法，如尊重、關愛、讚美、寬容等。還有，提供適當的競爭環境、給員工指出奮鬥的目標、說明員工規劃出其發展的藍圖、恰到好處的批評等。透過賴小姐的例子，我們更明白作為管理者與團隊成員的溝通是非常必要的、重要的。

溝通是管理的濃縮

　　管理者每天都會和員工、上級相處，卓越的溝通能力對管理者來說至關重要，它關係著工作能否進行得順暢，關係著管理者在大眾中的威信與魅力，甚至關係著你的升遷之道。現代企業的管理者誰有能力進行有效的溝通，誰就能最大程度地調動員工對工作的積極性。唯有完美的溝通才能成就完美的結果。

　　上下級在工作交流過程中用得最多的方式：一是說服，二是命令。說服就是懇切地引導對方按自己的意圖辦事的過程。說服有兩種不同的結局：一是「說而服之」，二是「說而不服」。命令則是管理者透過直接對員工發出行政指令的方式來完成工作分配和安排，具有強制性，沒有商量的餘地。說到「命令」，容易讓人想起「軍令如山倒」，管理者下了命令，下級不得不從。這一方式直截了當，有可能帶來高效率。如果管理者認為某一項工作或決策必須得到貫徹執行，沒有討論的餘地，則必須直截了當地發出「命令」，要求員工按章執行；如果針對某一事項的討論陷入僵持，無法達成統一意見時，透過命令的方式來結束討論或許會是一個合適的選擇。

　　如果你可能還沒有完全理解員工的談話，這種情況下妄下結論勢必會影響員工的情緒，甚至會對你產生抱怨。管理者在發表自己的意見時，要非常謹慎。特別是在涉及一些敏感的事情時，尤其要保持冷靜，埋怨和牢騷決不能出自管理者之口。對員工而言，管理者的言論代表著公司的觀點，所以必須對我們說出的每一句話負責。

　　費鴻太是一家公司的人力資源經理，每次員工來找他談想法和思路的時候，他總是在還未聽懂前就發表自己的「高見」，而且自己的

話語占到整個談話的90%，結果導致員工不能順利地表達自己的想法，他因此也不能很好地理解員工在說什麼。就這樣，員工越來越疏遠他，不願與其交流，這也就慢慢導致了工作效率的下降。後來，公司發現費鴻太所在的部門溝通不暢，影響到整個公司的運營，就認為其不適合做人力資源經理，於是就讓他改做業務了。

費鴻太因不善於傾聽，不能很好地理解員工的話語而落得跑業務的境地，不能不引起我們的深思。因此，要提醒管理者的是，在傾聽的過程中，應把全部資訊了解之後再來做決定，在聽完、聽懂之後，要向講話的員工表示發自內心的感謝。只有先了解自己的員工並理解其所說的話，才能真正地去激勵員工。

一天，美國某知名主持人特訪問一名小朋友，問他說：「你長大後想要做什麼呀？」小朋友天真地回答：「嗯……我要當飛機的駕駛員！」主持人接著問：「如果有一天，你的飛機飛到太平洋上空，突然所有的引擎都熄火了，你會怎麼辦？」小朋友想了想：「我會先告訴坐在飛機上的人繫好安全帶，然後我掛上我的降落傘跳出去。」現場的觀眾笑得東倒西歪。

主持人繼續注視著這孩子，想看他是不是自作聰明的傢伙。沒想到，接著孩子的兩行熱淚奪眶而出，這才使得主持人發覺這孩子的悲憫之情遠非筆墨所能形容。於是主持人問他說：「為什麼要這麼做？」小孩的答案透露出一個孩子真摯的想法：「我要去拿燃料，我還要回來！」這裡不得不佩服主持人主持人，他能夠讓孩子把話說完，並且在現場的觀眾笑得東倒西歪時仍保持著傾聽者應具備的一份親切、一份平和、一份耐心。

這個故事也值得管理者思考：要掌握「聽」的藝術，給別人說完話的權利，不要聽話聽一半，更不要把自己的意思投射到別人說的話

上頭。而要做到這樣，訓練自己的「聽力」就顯得十分必要。對管理者來說，溝通不是招安勸降，也不是把自己的觀點強加給別人，「己所不欲，勿施於人」是千百年來的古訓。溝通難，難在如何以理服人，以情動人；而溝通的可貴，也貴在以理服人，以情動人。

在日本，有一些企業別出心裁地設置了「出氣室」，裡面放著企業主管及部門主管的塑膠人體像，旁邊還放著大棒。受到委屈的員工，可以到那裡盡情地用棍子「痛打」他們所憎恨的管理者。這樣，怨氣也會煙消雲散了。這實在是一種高明的溝通辦法。作為優秀的管理者，應讓企業實現高效率並充滿生機，而要做到這些，就需打破等級制度，讓員工感到公司對自己的尊重和信任，激起員工的責任感、認同感以及歸屬感，促使員工以強烈的事業心報效企業。而這些，就需要借助溝通來實現。

管理者的影響力並不是靠地位、職權、魅力，而是來自溝通的技巧，用「傾聽」來找到激勵員工的方法，並把傾聽員工心聲和理解員工的想法當成自己的責任，默默付諸實踐。這樣不僅能讓自己成為員工心目中的優秀管理者，還能使員工自願釋放出自己的潛能。

再說「說服」，生活中，人們看待問題的角度、解決問題的方法不盡相同，管理者要讓員工重視自己的建議和忠告，就必須說服他理解和接受自己的觀點，這樣員工才能全心全意地去完成工作。

我們大致可以看出命令與說服的分水嶺，但「說服」與「命令」並不是絕對對立的，而是同一過程的兩個階段，一般情況下是先有「說服」後有「命令」，但「溝通」環節不可以省略。要達成這兩個過程的統一，尋求一種「中庸之道」，也絕非易事。說服，自然有「服」與「不服」兩種結果，在與員工進行「一對一」的溝通時，經常會碰到意見相左的時候，這時候再「命令」員工去執行可能就會適得其反，

這樣不但不能樹立管理者「民主、兼聽」的形象，反而會在員工心中打上「專橫」的烙印，更為嚴重的是會破壞雙方的默契。管理者應有包容和接納員工不同意見的胸懷。相反，與其在「說而不服」時發出「命令」，還不如一開始就直接「命令」，畢竟執行命令是員工的天職。

　　沒有哪個老闆不希望高效地實現自己的目標，但是強迫手段帶來的只是被動地服從而已。被動的服從，帶來的結果只能是低效，甚至無效、負效。只有「主動地支持」，才能充分發揮員工的主動性、創造性，獲得高效益。

以理服人，以情動人

白居易說：「感人心者，莫先於情」。某位名人也說：「如果你想贏得人心，首先讓他相信你是最真誠的朋友。」這就是說，只有與員工進行真誠的溝通，才能進入員工的內心，使溝通達到最佳的效果。當企業有重大舉措，如企業轉型、經營戰略重大調整、大專案實施、新規章制度出臺等，除商業秘密外，事先要盡可能地和更多的員工去溝通，讓他們知情、參與、傾聽他們的意見，增強員工的主角責任感；如果事情突然，沒有來得及告訴員工，那麼也要在決策後，迅速地作出詳細的解釋說明，排除員工的疑慮，統一認識，激發員工的士氣。

有戶人家娶媳婦。婆家借來兩匹馬，加上自己家裡的一匹，用三匹馬駕著車，吹吹打打、熱熱鬧鬧，十分隆重地去迎接新娘子。到了新娘家，迎親的人將新娘子攙上馬車，一行人告別新媳婦的娘家人之後，就趕著馬車往回走。不料，坐在車上的新娘指著走在兩邊拉車的馬問趕車的僕人說：「邊上的兩匹馬是誰家的？」駕車人回答說：「是向別人家借來的。」新娘又指著中間的馬問：「這中間的馬呢？」駕車人回答說：「是你婆家自己的。」新娘接著便說：「你若嫌車走得慢，要打就打兩邊的馬，不要打中間的馬。」駕車人有些奇怪地看了看這位新媳婦。

迎親的馬車繼續前進，終於到了新郎家。伴娘趕緊上前將新娘扶下車。新媳婦卻對還不熟悉的伴娘吩咐說：「你平時在家做飯時，要記住一做完飯就要把灶裡的火熄掉，不然的話會失火的。」那位伴娘雖然礙著面子點了點頭，心裡卻有點不高興這個新媳婦的多嘴。新媳婦進得家門，看到一個石臼放在堂前，於是立即吩咐旁邊的人說：「快

把這個石臼移到屋外的窗戶下面去，放在這裡妨礙別人走路。」婆家的人聽了這個新娘子沒有分寸又講得不是時候的話，都不免在心裡暗暗竊笑，認為新娘子未免太愛講話又太不會見機講話了。

看了這個故事，是不是覺得有些好笑？但笑過之餘，有沒有給你一些啟示呢？其實，在這則寓言當中，這新媳婦所說的三件事，對婆家來說都是有好處的。可是她剛踏進婆家門就儼然以主婦自居、多嘴多舌，反而引起了旁人的反感。

透過這個故事，我們可以體會到，一個人說話、辦事，要有理、有利、有節，講究策略和方式。如果不顧時機、不分場合，即使是好話、好事，也不僅得不到應有的重視，往往還會被別人笑話。其結果是，一個本來很有智慧的人，反而被別人當成了傻瓜，以至於他以後的事情會難辦得多。對於一個管理者來說更是如此。在與人溝通的時候，一定要注意場合。在不同的場合一定要用不同的交流方式，而且還要用得體的交流方式。對待不同的員工，也要有不同的交流方式。

作為管理者不妨多和員工聊聊，當然這種聊天式的溝通可以是比較隨意的：

一是爭取每天多次的交流：最好養成每天多打幾次招呼的習慣。不管你的性格是怎麼樣的，但是為了你的工作的順利開展，這樣的行動是必要的。千萬不要因為對此厭煩而放棄。沒有必要尋求特定的場合和時間，在走廊、電梯一角都可以，有時候僅僅是打上一句招呼就足夠了。如果一味地想找專門的時間和場合，反而可能與溝通的機會失之交臂。

二是發現問題要馬上著手解決：有時透過聊天打招呼會發現問題，很多人最多是問問「你今天是怎麼了？」但事實上，這樣還是遠遠不夠的。下面這個姓李的主管的例子就能夠說明這樣的失誤可能給以後

的工作造成很大的麻煩。

　　有一天，李經理發現有個員工顯得有點委靡不振，與他談起新的工作計畫也好像有什麼事情欲言又止，雖然當時李經理覺得有些納悶，但是一時之間，他也沒有細想什麼就和員工道了再見。然而不久以後傳來消息，他的這個員工因為和另外一個員工有些摩擦，這位員工就選擇跳槽了，而這位員工本來是一位很優秀的員工。

　　三是創造交流的機會：打招呼只是日常生活極其普通的一個例子，更重要的是要理解其中包含的進行溝通的實質含義。

　　三井物產是日本一家經營範圍廣泛的公司，在世界上也擁有廣泛的影響力，其公司內部實行「星期五下午茶」制度。每個星期五下午公司各個部門的員工都會聚集在各自的休息室裡喝茶。這裡，喝茶是假，而交流才是真正的目的。每位員工在這樣的聚會上都可以暢所欲言，無論是工作還是生活大家無所不談。很多員工在這樣的交流中獲得了其他場合得不到的信任的感覺和友誼。而很多的怨恨和誤會也在這樣的溝通中冰消瓦解。而最終的結果是，三井的管理團隊非常團結，當他們工作時，被人們形容為「就像一個身體極其協調的人的運動」。這樣的運動也才是真正順暢的團隊工作，自然而然，在這樣的環境裡，管理者和員工的關係也拉近了，工作效率也提高了。

　　總而言之，溝通應該以理服人、以情動人，只要得體就好。比如在公共場合，管理者在與員工交流的時候就應該注重自己的身份。尤其要注意自己的形象，不能夠和員工之間隨隨便便。該嚴肅的時候一定要嚴肅，對於員工來說，如果自己的管理者在自己的員工面前一副嘻嘻哈哈的樣子的話，這個管理者的威嚴就會喪失。人們就會認為，這個管理者是一個吊兒郎當的人。凡事都很隨便，於是員工不再對你保持尊敬，管理者和員工之間的差別慢慢的被淡化。這對於管理者在

以後的管理工作來說，是非常不利的。

　　當然，管理者在私底下與員工單獨交流的時候，應該放下管理者的架子，儘量做到平易隨和。只有這樣，員工才會把他心裡面所想的話真正告訴你，管理者與員工之間才能夠做到真正以誠相待。如果管理者與員工在私底下進行交流的時候，還是一副官腔，就會使員工感到有很大的壓力，無法把心裡的真正想法全都說出來，管理者與員工之間也就不能夠做到真正的以誠相待。這樣的交流，當然是一次失敗的交流，管理者不能在這樣的交流當中得到任何有益的資訊。

傾聽，使溝通無障礙

「傾聽的藝術算得上是無障礙溝通的關鍵所在，而無障礙溝通又是成功的企業管理之砥石。」身為一個管理者，主要的職責不外乎是穿梭於形形色色的人群中，來完成某些既定的工作。換言之，就是必須學會傾聽各種不同的聲音才能不辱使命。要想透過溝通清除工作中的摩擦和障礙，應該注意在溝通中非常重要的一個環節，那就是傾聽。

在荷蘭，引人注目的公司有殼牌石油公司、飛利浦公司等多家超級大企業。飛利浦由 100% 的荷蘭資本所組成。連荷蘭女王的丈夫貝倫哈特公爵也自豪地說：「我是飛利浦家族的好朋友。」儘管飛利浦家族及其企業的名聲已響遍全球，但是飛利浦當初不過是一個製造燈泡的小工廠而已。這家小工廠是 19 世紀末由飛利浦家族的赫拉德與安頓兩兄弟所創立的。到了上世紀初，飛利浦成為股份有限公司的時候，已經發展為一個規模相當可觀的燈泡廠。荷蘭的對外型的市場使得飛利浦一開始就具有向海外市場挑戰的國際性廠家的性質。經過多年的不斷發展，終於使得飛利浦有了今天的輝煌成就。

飛利浦能夠不斷的得到發展，其中一個重要原因就是在重大問題的決策方面，飛利浦的做法是，不搞「主管個人說了算」的一套，而是廣泛的徵求意見，傾聽他人的看法，然後透過集體討論再拍案決定。飛利浦公司這樣的做法，使公司既可以發揮集體的作用，又注意發揮執行董事個人的作用。這樣的組織管理系統使得飛利浦在不斷的發展中，避免了很多的風險，一路平安的走了過來。飛利浦的創始人之一安頓曾經說過：「如果你能夠花點時間多多傾聽一下你的員工的意見，比你呆在辦公室裡抓一天的頭皮還要有用。」這句話詼諧地說明了一

名管理者善於傾聽的重要性。

　　溝通中有效的傾聽，重在把握好時機，儘早發現和解決問題。所謂傾聽，就是一定要在交流中「用心」去聽和理解同事想要表達的意思。抓住同事話語、表情的細節並從中解讀同事的真意。一個必須避免的情況是：在交流中不顧及同事想要說什麼，自己一來就滔滔不絕地說，從不努力聽對方想說什麼。還有一種情況是同事剛說了一點，就開始迫不及待的訴說解釋，這種方式首先是對對方的不尊重，其次是不會對溝通有任何意義，不利於解決問題和完成工作。

　　如果你的員工工作開始鬆懈、工作品質明顯下降，違反團隊精神等等，那麼你為什麼要對這些情況做出反應呢？因為它危害了整個團隊和公司的利益，這是任何一個有責任感的主管所不能容許的。產生這些情況的原因在早期時會時隱時現，儘早溝通交流就能夠把問題消滅在萌芽狀態。當然在這類傾聽的溝通中你要注意兩個重要的事項：一是注意「一時一事的原則」，在一次的交流中，要著重把握某一件或者兩件事情；二是注意對對方沉默的反應。如果對方默不作聲，很多時候你不必喋喋不休，你應該抱有寬容心，耐心地觀察同事的反應，或者選擇新的時間或地點。

　　你可以透過談話的方式對很多事情進行考察。這時如果能夠巧妙地應用交流溝通中的傾聽之術，就能得到相當深入的資訊，如對所從事工作的完成能力、工作態度方面、過去的業績評價等等，而這些都是管理者在工作中需要了解的重要資訊。其實，傾聽可以帶來更多重要的收益：可以帶來精神上的淨化，一個人的心裡如果集聚了不暢快的事情，這個人就會心情憂鬱，這時候，相互之間的好好溝通可以把這個人心裡的問題談出來，使他由此獲得精神上的放鬆。談話者也可以加深相互的理解，推測和事實很多時候是不一致的。實際上聽一下

別人的話，常常會發現彼此的分歧只是一點點微不足道的小誤會引起的，這樣，人們就能夠加深相互的理解。

不善於傾聽不同的聲音，是管理者最大的疏忽。瑪麗·凱在《瑪麗·凱談人的管理》一書中，曾對傾聽的影響做了如此的說明。瑪麗·凱經營的企業能夠迅速發展成為擁有 20 萬名美容顧問的化妝品公司，其成功秘訣之一，是她非常重視每一個人的價值，而且很清楚員工真正需要的不是金錢、地位，他們需要的是一位真正能傾聽他們意見的管理者。因此，她嚴格要求自己，並且使所有的管理人員銘記這條金科玉律：傾聽，是最優先的事，絕對不可輕視傾聽的能力。

伊藤洋華堂集團正是把傾聽和溝通擺到了工作的重要位置，才以此創造出令人欣賞的奇蹟。我們知道，今天的伊藤洋華堂集團已經超越了所謂的流通零售業的範疇，它是日本產業界的管理者企業，很少有人會否認這一事實。對眾多企業來說，伊藤洋華堂占絕對優勢的組織管理能力與它其他方面的優勢一樣令人矚目。

為了使溝通的效果更為突出，伊藤洋華堂要求它的各級管理者與員工之間的談話方式必須要能使人信賴，並學會傾聽各種不同的聲音。這也是該公司對合格的商店主管的要求之一。實際上，在日本的企業中，很少有像伊藤洋華堂那樣，對商店主管們的溝通能力提出那麼嚴格的要求。伊藤洋華堂的某位商店主管與部下的良好溝通，曾使許多人深感佩服。在那個店裡，包括臨時工在內，共有員工 500 人左右。那位主管的不凡之處在於，只要有機會，他就會輕鬆愉快地向臨時工打招呼問好。

如果更加細緻地觀察，就能發現對於那些在賣場擔任管理職務、掌握管理權的女性，他會特別注意和她們打招呼。可以說在任何一個賣場，都必然會在年齡、工作年限相近的團體中，有一位掌握管理權

的女性，她們被周圍的人視作權威「有什麼事去問她，就清楚了」。而在上司眼中，她們也是那種「要是鬧彆扭，那就麻煩了」的重要女性。如果能夠跟這樣的一些人進行良好的溝通和交流，那麼就能使她們的力量得到充分發揮。商店主管正是在充分認識到這種重要性的基礎上，把她們看做現場的管理者，愉快地向她們問好。伊藤洋華堂的創始人伊藤先生也曾說過：「工作人員必須去傾聽現場顧客的聲音，到現場去詢問顧客『有什麼要求』，這樣就能夠儘早了解顧客的需求，這也是管理者成為現場傾聽者的意義所在。」

　　要想成為出色的商店主管，就必須善於傾聽他人的聲音，並關心他人。也就是說，有必要讓自己成為部下的傾訴物件，並懂得如何做一個好的聽眾，這樣才能建立起良好的溝通。為此，要儘量抑制自己的任性，把重點放在溝通對象身上。這樣，聽人說話的能力也會有所長進。

　　總之，溝通能力是管理者最基本的素質。溝通的重點不是說，而是傾聽。傾聽是人類溝通最有效的工具之一，可惜的是，大多數管理者都不太擅長傾聽。只有少數管理者懂得如何傾聽，並把它應用到實際的管理工作中去。傾聽別人說話可以說是管理者有效溝通的一個重要技巧。眾所周知，最成功的管理者，通常也是最佳的傾聽者，唯有傾聽才能使溝通無障礙。

打破那個「盒子」

打破包裹自己的「盒子」，成為一名優秀的企業管理者，需要你打開大腦中的「進氣閥」。而對於一名管理者來講，打開「進氣閥」卻是真正具有影響力的極為重要的必要條件。你所管理的組織對你的期望是：能夠不斷產生或至少能夠識別出好的思想，為組織設計出最優的遠景規劃，為達到最優遠景規劃制訂計畫，構建反應靈敏、有彈性的組織機構執行計畫。為了取得成功，你必須盡自己所能識別出事物與事物之間的各種聯繫，並看到各種可替代現有方案的備選方案。方法就是溝通溝通再溝通。

常言道：「與人說理，須使人心中點頭。」心平氣和、步步引導、耐心商討，使別人易於接受。在管理者說服員工的過程當中，有許多值得注意的地方：一是調節氣氛，動之以情。在說服時，要想方設法調節談話的氣氛。和顏悅色地用提問的方式代替命令，並給人以維護自尊和榮譽的機會，氣氛就會是友好而和諧的，說服也就容易成功；反之，在說服時不尊重他人，首先擺出一副盛氣淩人的架勢，那麼說服多半是要失敗的。二是善意威脅，以剛制剛。很多管理者都知道用威脅的方法可以增強說服力，而且還不時地加以運用。威脅能夠增強說服力，但是，在具體運用時要注意態度友善，講清後果，說明道理，適度威脅，消除防範。三是投其所好，以心換心。站在員工的立場上分析問題，讓他有一種為他著想的感覺，這種投其所好的技巧常常具有極強的說服力。要做到這一點，「知己知彼」非常重要，唯先知彼，而後方能從對方立場上考慮問題。四是尋求一致，以短補長。習慣於頑固拒絕他人說服的人，經常都處於「不」的心理狀態之中，對付這

第八章　沒有溝通，哪來和諧的團隊
打破那個「盒子」

種人，要努力尋找與對方一致的地方，先讓對方贊同你遠離主題的意見，從而使其對你的話感興趣，而後再想辦法將主題引入話題，最終達到求得對方同意的目的。

有一個將軍，在一次戰鬥當中被對方擒獲，然後被押回了對方大營。這位將軍也算得上是一位錚錚漢子。從被敵方擒獲開始，就沒有想過要投降敵人，抱著必死的決心，絲毫不肯向對方低頭。不管是誰來勸他投降，他都怒目而視，決不理睬。敵方的國王也敬佩他是一個有骨氣的大將，越發地盼望著這個將軍能夠投降自己，為自己所用。可惜的是，不管怎麼勸說，這位將軍還是毫不理會。國王為此感到無可奈何，但又很不甘心。這個時候，國王的一名隨從過來說：「國王請不用擔心，依屬下的看法，這位將軍雖然現在表現得還很強硬，但是只要我們堅持勸說下去，他遲早會投降的。」國王將信將疑地說：「我派人勸說了那麼久都沒有任何的效果。何以見得他定然會投降啊？」那個隨從道：「屬下剛才去勸降的時候，見到有灰塵從天棚掉下，落在將軍的袍袖上面，他居然能夠查覺，並小心地把灰塵揮掉。試想，一個人若是早把生死置之度外，怎麼還會顧得上吝惜身上的袍服呢？」國王聽到後，覺得極有道理，於是堅持勸降。終於，在國王的努力之下，那將軍還是投降了國王，並成為國王手下的一個得力幫手。

故事中的那名隨從透過將軍揮掉身上的灰塵這一個小細節，就做出了精確的判斷，為國王的勸降工作立下了大功。這名隨從可稱得上是真正的深諳察人交流之道。管理者應該像那名隨從一樣，透過察言觀色來揣摩對方的行為，捕捉其內心活動的蛛絲馬跡，探索引發這類行為的心理因素。要善於觀察，才能夠使交流更加便利、更加有效。

但有許多管理者仍認為以命令方式去指揮員工辦事速度最快、效率最高，習慣於向員工發出各種各樣的命令。人對命令多是反感的，

243

跳槽危機
要與他並肩殺伐，或看他叛逃敵方？

一個經常用命令語氣說話的管理者容易被大家列入討厭者的行列。但當確實需要用命令來向員工分配任務時，要注意以下幾個方面：要注意下達命令的時候要尋找最合適的氣氛，比較重大嚴肅的任務要在莊重的場合下提出；要注意下達命令的合理性，命令表達要清楚、明確；給員工下命令的時候要給員工提問的時間，讓員工多問幾個為什麼，讓他們對於新的任務有更多的了解，從而有益於任務的完成。

在工作中，讓全體成員都圍繞共同、明確而清晰的目標而努力是非常重要的。管理者需要有目的地引起組織成員思想的共鳴，比口號更重要的也許是灌輸目標的方法和過程，這需要管理者多動腦筋，在實踐中不斷提高說服和命令的技巧。管理者近距離地與員工溝通，遠比文件、命令、通知的效果要好得多。明智的管理者十分注重與員工溝通的方式。溝通是組織內部傳遞資訊和情感、增進彼此了解和友誼的一種方式。

管理者之所以被稱為管理者，很大一部分原因就在於，他能組織協調內部的所有個體為共同的目標去奮鬥。正因為這樣，與員工溝通，就成為管理者進行思想教育工作的一個重要方法。實踐證明，員工和管理者之間的許多具體問題，都適宜透過個別談話來加以解決。運用好談話技巧，不僅可以了解情況、溝通思想、交換意見、提高認識、解決問題，還可以暢通言路、集思廣益、凝聚人心、增進感情。因此，管理者要想成功管理組織，就必須掌握好與員工溝通這一基本管理藝術。

談話與對話不同，對話更多的是一對幾，談話則多是一對一；對話是公開的，談話則是私下的；對話所要解決的是「面」上的問題，談話所要解決的則是「點」上的問題。管理者透過與員工的個別談話，可以掌握許多不便或不願在公開場合暴露的情況，進而解決問題。如

果說對話要講究語言技巧，那麼，談話更應該講究方式方法，如果運用得不好，那就很難達到預期的效果。一般來說，與員工的談話要視談話目的、物件不同而不同，談話的方式也應有所不同。

　　實踐中，以下幾種談話方式可以為管理者靈活運用：一是用商量的口吻進行交談。這種方式要求管理者要心平氣和、平等待人，以關心、信任的態度對待員工，不能自視特殊、「好為人師」，也不能「連珠炮」似地發問，或中間打斷員工的話頭，應允許員工解釋，談不同看法，對的要肯定，錯的要指出，在友好的氣氛中，協商解決問題。二是詢問型交談。即管理者對有的員工可以直接問，而對另一些人則可委婉地問。關鍵是管理者一定要掌握「問」的技巧。透過詢問來讓員工產生溝通的慾望，而不是單向的接受知識再消化、利用。三是批評型交談。運用這種方式，管理者大多要先肯定其成績再指出其不足，對被批評的員工的缺點和錯誤要盡力引導，使之能主動地認識到自己的問題。當然，有時也可以直接地進行批評性交談。

管理就是溝通的藝術

據一份資料顯示，60% 的員工離職的原因是因為「和管理者不和」或「不滿管理者的工作作風」，而這 60% 的員工中，有不少都是優秀的員工。優秀的員工因為「和管理者不和」或「不滿管理者工作作風」而離開公司，我們很難把全部責任都歸結到員工個人身上去；如果管理者一定要把責任推到員工身上去，只能說這些員工「服從性不夠」或者說「抗壓性不足」。激勵員工，讓其做出優秀的成績，並留住這些員工，本來就是管理者的責任，現在這些優秀員工因為「和上級不和」或「不滿上級工作作風」而離開了，自然而然是管理者的責任。

管理就是溝通的藝術，溝通如此重要，使得管理者們對此不敢怠慢，但同時問題也由此而產生了。在企業裡，搞技術的看不起其他人；搞銷售的看不起搞生產的；搞生產的看不起搞財務、行政、物流的；搞財務的看不起一般的文員，認為人家是賣肝工作，自己是越老越吃香。人人互相看不起，不尊重對方，怎麼指望能夠進行良好的、有效的溝通呢？

有兩個數字可以很直觀地反映企業溝通的重要性，即兩個 70%：第一個是指實際上企業的管理者 70% 的時間是用在溝通上。開會、談判、談話、做報告是最常見的溝通形式，撰寫報告實際上是一種書面溝通方式，對外各種拜訪、約見也都是溝通的表現形式，所以說他們有 70% 的時間花在溝通上。第二個是指企業中 70% 的問題是由於溝通障礙引起的。比如企業常見的效率低下問題往往是由於大家沒有溝通或不懂得溝通引起的。另外，企業裡面執行力差、領導力不高方面的問題，歸根到底，都與溝通能力的欠缺有關。

第八章　沒有溝通，哪來和諧的團隊
管理就是溝通的藝術

　　古人說：「過猶不及、治大國如烹小蝦」，把溝通當作最重要的事來抓沒錯，但有些管理者時刻都在捉摸著溝通二字，把溝通當成了必須完成的任務和工作似的，把溝通的功用搞得神秘兮兮，甚至有時候為溝通而溝通，這就不太好了。把溝通弄得過於嚴肅效果往往也不好，溝通不就是透過和員工的聊天在不經意間問題就解決了嗎？所以，輕鬆點，別把溝通當成工作或者任務來抓，溝通的時候要有一種輕鬆的心境，選一個安靜舒適的溝通環境，甚至可以和員工聊聊天。

　　一般而言，那些「逼」走員工的管理者有一個共性：屬於專制型主管，做事雷厲風行，執行力強，但缺少耐心和細心；有時對於事情的處理也過於武斷和粗暴。他們的優點其實也是他們的缺點。這些缺點的根源就在於對員工的尊重不夠。畢竟企業不是軍隊，員工不是士兵，他們有血有肉、有思想、有自尊，甚至有個性，簡單的粗暴的命令式、打罰式管理方式已經跟不上時代潮流和需要。其實要做一個成功的管理者也很容易，對員工尊重多一點，鼓勵他們講出自己的真實想法，定期不定期多溝通一下，定期不定期激勵一下，當他們行為有所偏離時適時提醒一下糾正一下，必要時指導一下，幫助他們解決問題；他們就會從心底裡佩服你、尊敬你、跟隨你。

　　有一天蘇東坡與老和尚一起打禪。老和尚問蘇東坡：「你看我打禪像什麼？」蘇東坡想了一下，並沒有回答，同時反問老和尚：「那你看我打禪像什麼？」老和尚說：「你真像是一尊高貴的佛。」蘇東坡聽了這一番話，心中暗暗地高興。於是老和尚說：「換你說說你看我像什麼？」蘇東坡心裡想氣氣老和尚，便說：「我看你打禪像一堆牛糞。」老和尚聽完蘇東坡的話淡淡的一笑。蘇東坡高興地回家找家裡的小妹談論起這件事，小妹聽完後笑了出來。蘇東坡好奇地問：「有什麼可笑的？」蘇小妹斬釘截鐵的告訴蘇東坡，人家和尚心中有佛，

跳槽危機
要與他並肩殺伐，或看他叛逃敵方？

所以看你如佛；而你心中有糞，所以看人如糞。當你罵別人的同時，也是在罵自己。

　　這個故事給我們的啟示是：從批評者的言行能看出其眼界和見識。所以人的心裡想些什麼，就會說出什麼樣的話，這正好反映出一個人待人處事的風範和內涵。而罵人的同時也成為別人討厭的對象，運用言語罵人的人，必定得不到對方的認同，也會失去別人的信任。一次良好的溝通應是建立在彼此尊重的基礎上，這樣才能達到談話的目的。

　　溝通就像在跳交際舞，必須要相互尊重。很多人都覺得，積極主動地付出友善真誠僅僅是講如何對待別人，其實準確地說，友善真誠地待人更重要的是指如何善待自己。你待人以善意，別人以善意相報，你待人以真誠，別人以真情回饋。這也就是我們經常說的「將心比心」、「以心換心」。溝通的過程是基於相互尊重基礎之上的收集正確的資訊、給出好的資訊和取得進展的過程。只尊重自己但不尊重別人會成為自大的人，沒有人願意與自大的人溝通。所以，對別人缺乏尊重會阻礙自己成為有效的溝通者。同樣的，如果不尊重自己也會導致無效的溝通。如果我們自我評價很低，我們將不能說出我們的想法、目標、好惡。

　　弗萊明是蘇格蘭一個窮苦的農民。有一天，他救起一個掉進深水溝裡的孩子。第二天，弗萊明家門口停下了一輛豪華的馬車，從馬車上走下一位氣質高雅的紳士。見到弗萊明，紳士說：「我是昨天被你救起的孩子的父親，我今天特地過來向你表示感謝。」弗萊明回答：「我不能因救起你的孩子就接受報酬。」正在兩人說話之際，弗萊明的兒子從外面回來了。紳士問到：「他是你的兒子嗎？」農民不無自豪的回答：「是。」紳士說：「我們訂立一個協議，我帶走你的兒子，並讓他接受最好的教育，假如這個孩子能像你一樣真誠，那他將來一

定會成為讓你自豪的人。」弗萊明答應簽下這個協議。數年後，他的兒子從聖瑪利亞醫學院畢業，發明了抗菌藥物盤尼西林（青黴素），一舉成為天下聞名的弗萊明·亞歷山大爵士。

有一年，紳士的兒子，也就是被弗萊明從深溝裡救起來的那個孩子染上了肺炎，是誰將他從死亡的邊緣拉了回來？是盤尼西林。那個氣質高雅的人是誰呢？他是二戰前英國上議院議員老邱吉爾，紳士的兒子是誰呢？他是二戰時期英國著名首相邱吉爾。

「一個人種下什麼，就會收穫什麼。」這是班傑明·佛蘭克林說過的一句話。如果管理者真誠對待員工，員工也會真誠地對待管理者。弗萊明正是因為真誠才讓自己的兒子有了成才的機會。老邱吉爾也因為真誠才拯救了自己兒子的生命，並使之成為 20 世紀影響人類歷史進程的政治家。

「溝通從‘心’開始」，是經典廣告詞。之所以經典，恐怕正是因為抓住了重點——心。所以，溝通過程中的尊重標準是管理者要贏得員工的尊重，那麼首先必須尊重自己；如果管理者不尊重員工，也沒有員工會尊重管理者。其次，管理者要尊重員工，要表現出對他們的尊重，同時贏得員工對自己的尊重。所以尊重是雙向的。

這就是相互尊重的真正含義，尊重他人也尊重自己，沒有這一點，成功的溝通是不可能的。這也促使我們努力獲得和給予好的資訊。如果這些都做得好而徹底，取得進展就是水到渠成的事情了。

成為一名「佈道者」

在現代經濟社會當中，企業的管理者已經不僅僅是一個企業的老闆，他更要成為一名「佈道者」。他要把所從事的領域、所領導的人群、所規劃的願景、所生產的產品、所提供的服務、所宣導的文化等，都一一「佈道」給周圍的人，因此，老闆首先要成為一名「佈道者」。讓他的員工、客戶、消費者了解他從事的是一項多麼偉大的事業，這個過程離不開分享。所以，要想成為一位優秀的老闆，一定要從現在開始就學會做一件事情——如何讓自己成為一名「佈道者」。

葛洛夫領導著龐大的英特爾公司，他始終強調公司的各部門管理者要充分地注意組織結構的調整，以增強並改善其內部溝通，儘量讓每個員工都盡可能地發揮他們的長處和優勢。同時，他又致力於用各種新的方式來改進內部的溝通過程。

當人們問他是如何管理這個大公司時，葛洛夫強調說：「我的工作，是發現偉大的觀念，使它們昇華，並拼命地讓它們以最快的速度傳播到整個企業之中。」在某種意義上，葛洛夫的這種思想確已付諸於行動，並透過高級主管的某些「集會」制度化了。這些「集會」起著在組織內部交流好的創意和想法的作用。

美國通用電氣公司前 CEO 傑克·威爾許認為，在一定的環境、一定的市場背景下，管理機構如果長期得不到調整，會讓機構變得臃腫，管理變得僵化，溝通也會變得相對弱化，這同時也是在扼殺通用電氣公司迫切需要的企業家精神。然而，通用電氣公司成長壯大為如此宏偉的規模，所跨行業如此廣泛，幾乎每個人都可算作某種經理。在通用電氣公司的 40 萬名雇員中，有 2.5 萬名具有「經理」這個頭銜。這

些經理中有 500 名是高級經理，130 名是副總裁或者更高的職位。在「管理」方面，這些管理人員除了審查下級的活動外，幾乎什麼也不做。從理論上講，為了保證企業沿著正確的道路前進，這種審查是必不可少的。然而，在實際上，經理們要耗費過多的時間填寫日常表格，將自己的計畫報告給上級經理，而不是自己動手實施。

威爾許上任伊始，就對這種狀況實行了大刀闊斧的改革。通用電氣公司是按部門劃分組織，每個部門管理者都是一個高級副總裁。威爾許認識到部門主管並沒有任何實權，他們不過是像漏斗一樣傳遞資訊。部門主管與威爾許的一次會見需要花上三天時間準備。但當他們會見時，很快又會流露出他們對實際情況並不很了解。於是，他們不得不再花上更多的時間去尋找有關問題的答案。威爾許廢除了這個體系，摒棄了他自己和分支機構首席執行官之間的等級差別。十年之後，從董事長到工作現場管理者之間管理級別的數目從 9 個減少到 4 至 6 個。威爾許透過摒棄他的許多高級管理層，使得每個企業只留下了 10 個副總裁，而其他類似通用規模的公司中通常有 50 個。這樣他可以直接和他的企業管理者溝通。

透過此次組織機構的調整，大大改善了企業內部的溝通。在企業內部，管理變得更加順暢、靈活。透過調整組織機構，充分向下授權，使決策儘量由最了解有關情況的管理人員做出。

在軍隊裡面，談心談話是制度、是文化、是光榮傳統，也是這個組織加強內部建設、促進內部團結統一的手段和途徑。善於與部屬、同僚「談心談話」是部隊軍官、士官的基本功，是從事思想工作的相關人員的必備素質之一。

軍隊的談心談話，是一對一的。有意思的是，雖然這種「一對一」的談話形式、內容是具體真實的，但談話物件所表達的意願、意思，

則可以是非正式的，甚至是「私密」性的。有時候，一些士兵對其他幹部有意見，對部隊一些工作安排有看法等等，這些不便於公開表達的內容，可以在談心談話中表達。而表達的結果，只是表達而已，幹部只是一個傾聽的物件。廣泛、經常的談心談話活動，不僅使解放軍組織內部具有很強的融合性，而且化解和消除了許多不和諧和矛盾，實現了內部高度的團結統一，這對企業有很大的啟迪作用。

仔細想想，溝通技巧就那麼重要嗎？有道是真金不怕火燒，其實具備溝通能力更重要，有能力就會有技巧，即使現在沒有，拿來也很快！溝通能力就是指溝通者所具備的能夠勝任溝通工作的優良主觀條件，是一個人與他人進行有效溝通的能力，包括外在的技巧與內在的動因。其中，溝通的恰當性和溝通的有效性就是人們判斷溝通能力的基本尺度。溝通的恰當性就是指的溝通行為符合溝通情境和彼此相互關係的標準和期望；溝通的有效性，就是指溝通活動在功能上達到預期的目標。

學會與員工進行有效溝通

通用電氣前 CEO 傑克威爾許曾這樣說過：「我在各個大小會議上，或和員工私下聊天時，如果時間不恰當、氣氛不恰當、對象不恰當，我是絕對不開口的。如果這三個條件具備的話，我常會以‘我覺得’（說出自己的感受）、‘我希望’（說出自己的要求或期望）為開端，‘同時’（變相反駁）為轉折，結果常會令人極為滿意。」這種行為可以幫助管理者在不直接反駁員工的情況下有效、直接地告訴員工，你所要表達的意思，讓對方感到被尊重的滿足。作為管理者的你，為了使溝通的有效性最大化，不妨試試這些技巧。

對管理者來說，要學會與員工進行有效溝通，並儘量使溝通的有效性最大化。除了上文中提到的方法外，自信的態度、體諒員工的行為等都是促使溝通更為順暢的有利因素。有效溝通可以使任務完美地傳達下去。再好的想法，再好的激勵機制，再完善的計畫，一旦離開了與員工的有效溝通，都是無法實現的空中樓閣。

非正式溝通能夠使員工時時刻刻地感受到管理者的存在，感覺他們是在為一個很有人情味的企業工作，管理者關心他們、了解他們。這樣就能夠讓上下級之間暢通無阻地交流，互相理解、緊密合作，以至最大限度地發揮團隊作用。傑克·威爾許創造過許多別具特色的管理方法。「便條式溝通」就是比較經典的一種非正式的溝通方式。這種溝通方式，讓員工感受到他的存在以及企業的溫馨。

擔任通用電氣 CEO 近 20 年的傑克·威爾許，每天必做的事情之一就是親自動筆給各級主管、普通員工乃至員工家屬寫便條，或徵求對公司決策的意見，或詢問業務進展，或表示關心、關注。他透過便條

跳槽危機
要與他並肩殺伐，或看他叛逃敵方？

表明他對員工的關懷，使員工感到他們之間已從單純的管理者與員工的關係昇華為人與人之間的關係。而傑克·威爾許知道，從他手中發出的隻言片語都很有影響力，它們比任何長篇大論的演說都更能拉近和員工的距離，而且這也是他對員工有效地傳達重要觀念的最佳方式，所以他樂此不疲。久而久之，「威爾許便條」便演變、昇華為一種「非正式溝通」的氛圍，一條「通心路」，一種凝聚力。員工則把收到和答覆便條作為榮耀和情誼，備感幸運、備加珍視。不僅如此，傑克·威爾許每個星期都會不事先通知地造訪某些工廠和辦公室；臨時安排與員工共進午餐；員工還會從傳真機上找到傑克·威爾許手書的便條，上面是他既遒勁有力又乾淨俐落的字體。

　　管理者在與員工進行溝通的時候應當儘量減少溝通的層級。越是高層管理者越要注意與員工直接溝通，如此才能引爆員工的高昂熱情。在英特爾公司，為了使溝通的有效性最大化，高層管理者經常會應員工要求進行一對一的交流，而且交流的主題由員工確定。對此，高層管理者很少拒絕，他們估計自己有 40% 的時間都用在了這類溝通上。事實上，一對一交流可作為企業文化的一部分，也可當成是激勵員工的一種方式。

　　傑克·威爾許向公司員工發表演說時指出：「我們已經透過學習明白了『溝通』的本質。它不像一場演講或錄音談話，它也不是一種報紙。真正的溝通是一種態度、一種環境，是所有流程的相互作用。它需要無數的直接溝通。它需要更多的傾聽而不是侃侃而談。它是一種持續的互動過程，目的在於創造共識。」管理者和員工一段隨意的或短暫的對話遠比在企業內部刊物上刊登大段文章來得更有價值，管理者應知曉「意外」二字的價值。對一個公司來說，非正式溝通意味著打破發佈命令的鏈條，促進不同層級之間的交流；改革付酬的方法；

254

讓員工們覺得他們是在為一個幾乎人人都相知甚深的老闆工作，而不是一個龐大的公司。而且，非正式溝通的優點還在於：不拘形式，直接明瞭，速度很快，容易及時了解到正式溝通難以得到的「內幕新聞」。

　　因此，管理者在使用非正式溝通時一定要能放能收，控制好整個溝通的過程。非正式溝通之所以越來越受到青睞甚至不可或缺，就在於它能讓溝通雙方具有對等的位置、寬鬆的環境、無拘無束的感覺，能讓雙方的情感距離和心理位差最小化，能讓理念、思想、智慧充分展現，能使溝通真正成為「情」的昇華、「力」的聚集和「心」的連結。現在，各種形式的非正式溝通也在管理中廣泛應用。三菱重工從總裁到各級管理者以至普通員工，則借助別開生面的「週六例會」，以週末聚會為由進行溝通……古巴前總統有段溝通名言：「如果我能知道他表達了什麼，如果我能知道他表達的動機是什麼，如果我能知道他表達了以後的感受如何，那麼我就敢信心十足地果敢斷言，我已經充分了解了他，並能夠有足夠的力量影響並改變他。」

　　如今，在很多企業或公司裡，一些管理者提起剛畢業進入公司的新員工後，總是一臉無奈，可謂愛恨交加。某知名公司高層曾感歎：「遇到這些新員工，我十幾年的管理經驗要清零了！」之所以發出這種感歎，是由於一直以來新員工倍受爭議，在很多人眼裡，他們不按常規做事；嬌生慣養不能吃苦；自私自利只知道索取；玩世不恭對事情漠不關心；心理脆弱無法經受困難、挫折，非常容易走極端……但是在如今的企業裡，一批批新員工充當了中堅力量，作為管理者的你該如何行動呢？是繼續固執己見，讓這些新員工去適應自己，以捍衛得之不易的權威，還是敞開胸懷，忘記過去的一切，試著去理解一個完全不同的內心世界，在新的基礎上建立自己的影響力？

跳槽危機
要與他並肩殺伐，或看他叛逃敵方？

　　作為曾經馳騁「疆場」的管理者，該如何管理這樣一群嬌生慣養、不能吃苦、心理脆弱、玩世不恭的新員工？你，真的束手無策了嗎？他們，真的無藥可救了嗎？比起其他的溝通方式來，這些新員工更願意接受用陪伴他們一起成長的通信工具進行交流、溝通，這不僅是因為通信工具的多樣性有利於選擇使用，更讓他們覺得溝通起來十分融洽，沒有障礙。而且，利用通信工具可以打通時空間隔，省去很多顧慮和不便，完全可以引入企業的管理溝通中。在 Feedsky，公司不做強行的作息規定，員工們關於工作進度的溝通以及其他方面的交流都依靠 Twitter，如今 Twitter 已經成為公司內部的主要通信工具之一，管理者與員工之間的溝通非常方便。

第九章

怎樣才能留住優秀員工

　　企業留不住優秀員工，這是一個普遍而棘棘手的問題，企業管理者都知道人才對企業的發展至關重要！但是企業就是留不住優秀員工。究竟怎麼做才能讓員工和企業達成一致呢？如何才能留住優秀員工？在留住優秀員工的路上，企業的管理者不得不認真考慮。

信仰留人

　　當有一天你發現某個優秀員工想要辭職走人時，作為管理者的你會怎麼辦？有的管理者在留人方面，更願意討論和使用的方法是感情留人、事業留人或者是待遇留任。但這些方法之所以還沒有真正解決優秀員工要走人的問題，是因為這些方法都屬於細枝末節，並沒有探求到問題的根本。那讓我們先來簡單分析一下為什麼這些方法都不可能解決留人的根本問題。

　　有些管理者經常會舉的感情留人的例子是劉備三顧茅廬之類的禮賢下士之事，並認為真情是可以打動那些優秀員工的，並使他們願意留下與企業共同成長和發展。如果理性分析感情留人的問題就會發現，隨著企業的發展，管理者能分配給員工的感情是在逐漸減少的。道理很簡單，不斷增多的人和不斷增加的事情都在分散和占據管理者的感情。這裡還不去討論管理者「移情別戀」的情形，畢竟像劉備這樣專一的人也是不多的。但員工對於感情的需要卻是在不斷增加的，尤其是隨著員工和工作的增加，每個員工渴望從管理者那裡得到的感情也會越來越多。這中間出現的差距就是感情留人策略的致命缺陷，越來越大的差距和越來越多的忽略會使曾經的感情化為烏有。

　　說到事業留人，其基本邏輯是企業只要能夠提供展現自我和實現自我的舞臺，優秀員工就願意留下來表現自己。因為對於今天的員工來說，他們更加看重個人成長的空間，他們希望能夠最大限度地發揮自己的才智。如果是這樣的邏輯，企業就必須基於這樣一個前提才可能持續地用事業將人才留住：企業提供的事業的成長空間快於個人的成長速度。但大多數企業在經過飛速的發展後，正常情況下都會維持

一個相對較低的增長速度，這遠遠不能滿足員工對於職位的需求。

在市場化的環境裡，企業更願意使用待遇留人，似乎這是一種激勵員工和留住員工的靈丹妙藥。但事實上能留住優秀員工的不是待遇，而是不斷增長的待遇。如果這樣的話，有哪個企業可以持續地做到這一點呢？所以，如果說感情留人、事業留人還屬於中策的話，那麼待遇留人簡直就是下策，它就像是強心針，帶給企業的只能是更大的傷害。那麼，什麼是留住優秀員工的法寶呢？讓我們先來看一個影響「經營大師」松下幸之助一生的故事。

上世紀三十年代，松下幸之助先生參觀了奈良的天理教本部，在返回的火車上他在思考當天的盛況：說盛大確實盛大，說繁榮確實繁榮，信徒捐獻的木材堆積如山；參加建設教祖殿的信徒充滿喜悅地進行著義務勞動；正殿被打掃得乾乾淨淨，所遇到的善男信女的態度都是那麼虔誠。沉思到深夜，松下幸之助得出一個結論：宗教拯救煩惱的人，給他安心，是為人生帶來幸福的神聖事業。難道經營實業就不是為人類生產和生活提供必要物資的神聖事業嗎？正是感受和領悟到這樣一個使命，松下幸之助先生把那一年稱為知命元年。這也使松下幸之助在經營策略上有了很大的改變。他徹底認識到真正激勵員工百分之百投入的動力不是金錢等企業提供的外部條件，而是使員工忘記痛苦不斷前行的內在信仰。

那麼，信仰留人為什麼被忽視了？雖然在物質生活不斷提升的今天，人們也在日益表現出對社會的關心，人們也在謀求與企業共同成長，人們有時也會表現出理想的一面。所以，越來越注重物質的社會中一定存在著越來越強烈的對於精神的渴望，儘管這些精神渴望經常會被物質干擾或淹沒。現在的問題是，企業如何引導人們表現出這些渴望，並對它進行有效的方向性強化，從而使人們在一個小範圍裡產

生強烈的信仰。

有些企業似乎忽略了企業已經形成的文化，這實際上阻礙企業對新員工的吸引以及對他們的激勵，而且新員工融入企業的速度也會受到影響。另外一種情況則更為嚴重，有些企業意識到了文化的作用，並開始整理企業文化。但由於這些企業不是非常了解文化的構成以及如何進行文化的梳理，於是就聘請外部的諮詢公司進行文化的建設工作，這無疑是存在風險的。一旦外部諮詢公司對企業不十分了解或是缺乏豐富的文化諮詢經驗，則很可能產生不準確的文化描述，如果是這樣的話，它的危害是很大的。比較恰當的做法是借助外部諮詢公司提供的工具，自己來梳理散落在企業中的文化構件。所以，建立企業成員信仰的第一步是明確企業文化，它是人們信仰形成的基礎。如果文化還沒有成為系統，例如一個剛剛創立的企業，文化的局部也可以成為信仰的來源。而對於一個已經形成了默認的、模糊的文化的企業來講，精確地梳理文化是至關重要的。

事實上，影響優秀員工信仰形成並鞏固的關鍵就在這裡。普遍的現象是，企業形成了文化後就把它放在一邊，很少進行宣講。這就好比讓人們相信一件已經發生並被檢驗的事情並不困難，困難的是讓人們相信一件未發生的事情，而且是一件有可能永遠實現不了的事情。所以形成並鞏固信仰的關鍵就是要不斷地講，反復地講。雖然這種方法看上去很笨，但在信仰的建設方面是不能投機取巧的。所以，如果企業明確了文化，剩下的事情就只有一件——大量地、不斷地宣講它，讓它成為企業成員牢固的記憶。如果企業成員不能非常流利地、條件反射地背誦企業文化中的某些構件，信仰就一定還沒有建立起來。

一個沒有信仰的管理者想要去建立員工的信仰，那幾乎是不可能的；信仰不堅定的管理者在變化面前表現出的輕微動搖會被員工放大；

而高層管理者信仰的不統一也會令員工不知所措。一般情況下，員工的信仰是比照其直接管理者而來的。進一步地，如果管理者對員工的影響力，恰恰是基於他對信仰的堅定而產生的個人魅力，那員工的信仰則一定是堅定的。

　　信仰能夠把無形的力量轉化為企業員工的切實行為，而能成功實現這一轉化的企業則一定能夠成功地實現企業與員工的共同成長。而那些看上去很實在的方法，其實更容易導致員工內心的空虛。這樣的辯證關係放在一個「長期」的背景下，答案似乎已經很明確了。管理大師彼得杜拉克曾明確表示：「表現最好、最投入的員工一定是自願者，因為他們為此放下了生命中其他的事。」當人員流動日趨頻繁，越來越多的人不屑於追求職業生涯，個人創業風氣日盛之時，企業此時急需形成自己的信仰，使工作富有意義，以吸引、激勵並留住更多優秀員工。

把人放在首位

　　在人才流失日益嚴重的背景下，企業怎樣吸引人才，怎樣留住人才？留人工作做得不好，員工就會離開，企業勢必要花更多的人力和物力重新建設。隨著區域競爭、行業競爭越來越激烈，不少地方或單位紛紛推出各種各樣的優惠政策或措施引進人才、留住人才。如有的國家引進的專業人士有的開出年薪百萬美元；有的承諾送一套價值數百萬元的別墅或開出近數百萬元的購房補貼……其實，不少企業最缺的不是人才！而是缺少留住人才的機制和能讓人才施展才華的環境！

　　用好人才首先要為人才提供發展平臺。要努力打造人才創新創業載體，建設成果轉化機制，構建學術交流、技術共用公共平臺，讓人才有施展才能的空間。其次要為人才的使用營造良好環境。使用人才要不拘一格，破除論資排輩、求全責備觀念，在實踐中發現人才、培育人才、鍛煉人才、使用人才、成就人才。

　　科林·馬歇爾剛擔任英國航空公司總經理時，他發現公司內部紀律鬆散，從某種角度上說，就像當年撞在阿爾亞拉麥面前的頹喪的英國軍隊一樣。英國航空公司在此前所進行的各種競爭都失敗了，公司人員流失十分嚴重，員工獲勝的信心已喪失到令人絕望的地步。然而科林·馬歇爾的到來，使航空公司最糟糕的階段立即宣告結束，隨即開始了重新把英國航空公司機群編組和重新調整資金的工作。

　　當時，科林·馬歇爾認為英國航空公司之所以成為人們的笑柄，是因為公司工作效率低，員工信心喪失，飛機航髒而使乘客紛紛轉向比它小但有生氣的競爭者。他花了 6 個月的時間考慮自己的「作戰」計畫，接著就開始了整頓。他選定往來於英格蘭和中部地區的區間飛行

服務作為他的第一戰。

　　當英國中部地區最後被准予在區間運輸線上展開競爭之時，英國航空公司在短短幾周內就失去了 1/3 的乘客，為此，科林·馬歇爾對區間運輸進行了改革。他把膳食和飲料引入了區間運輸線，他使飛機窗明几淨，並開創了讓乘客買票訂座的辦法，鼓勵全體機組人員熱忱歡迎乘客，並不斷地督促內勤人員準時做好工作，從而提高了飛機起飛的準點率。他甚至還教飛行員怎樣說服內部通信聯絡系統按照他們的方法操作。改革的成績是顯著的，英國航空公司攬回了許多它曾失去的乘客，不多久其對手就抱怨起英國航空公司來，說它採取的是不正當的競爭行為，即總是裝出一副不景氣的樣子騙人。總之，科林·馬歇爾贏得了第一回合。這次勝利的重要性在於，它配合了「馬歇爾戰役」的全域進程，即把人放在首位。英國航空公司的目標是要成為世界上最優秀、最成功的航空公司，他告訴全體員工說：「我們只要堅持不懈地向乘客提供優質服務，這個目標就能達到。」

　　英國航空公司成立起「乘客第一」志工隊，不斷想新招來提高服務品質和改善公司形象。例如，過節的時候送給每一個乘客一朵紅玫瑰，設法從根本上改變人們對「青年飛行員是沒有保證的少年」的印象；另外，航空公司還把機票發給新的工作人員讓他們站在受檢隊伍裡，讓他們體驗一下自己成為別人攻擊目標時的心情。漸漸地，把人放在首位成為一股趨勢，馬歇爾又透過完全改換航空公司制服來支持這股趨勢。為此，他雇用了美國設計商行蘭德公司，因為他認為蘭德公司是一個最好的公司。

　　馬歇爾並沒有忘記對細微之事的重視，他在接管新工作 6 個月後，在高級管理者中發生了一場眾所周知的「7 月大屠殺」事件，隨即他以慣有的細緻態度研究了機群管理部門的情況後，便毫不留情地把它

給撤銷了，代之而用的是一批低級管理者，他們中許多人年齡都在 40 歲以下，而且幾乎沒有一個管理者是從公司外面招聘來的，這些人很可能在他即將創造的新環境中產生影響。實踐證明，馬歇爾的冒險是正確的，他們將起來迎接挑戰。自然這些人就成了馬歇爾最堅定的支持者。

馬歇爾的企業制度很簡單，他喜歡任用一些掌握很高職權的副職管理者，這些人把主要權力置於自己的控制之中，他完全相信他們有能力管好各自的部門。

有些企業常常抱怨沒有人才，不惜財力、物力到外面引進人才，卻對本企業的人才視而不見。這種捨近求遠的「燈下黑」，不僅造成人力資源的浪費，還壓抑了現有人才的積極性、創造性，甚至會出現「招來女婿氣走兒子」的現象。從長遠發展出發，固然需要在培養和引進人才上下功夫，但卻不可偏執一端，忽視發現和使用現有人才。要知道：真正人才大都是事業型的，都有一定的抱負。如果人才被引來了，卻不是從事他心愛的事業，也是留不住他的。來了也只是做個跳板，過不了多久仍然會遠走高飛。

如果一個企業內部存在冬烘先生式的人，那麼這家企業就別想留住人才。因為冬烘先生式的人的存在不僅僅是浪費了企業所提供的資源，更為嚴重的是毀壞了整個企業的公平、公正的氛圍。而若是企業缺乏一種公平、公正的氛圍，那麼企業中真正的人才的價值就得不到公正的認可和體現，這就必然會導致人才外流。因此，清除企業內部的「冬烘先生」對於留才來說就顯得頗為必要。當然，在清理「冬烘先生」出局的同時，也不能忘記了搜尋企業內部的「千里馬」。

每年春天，通用電氣公司都會舉行一個「C 會議」。公司高層將會花約 160 小時來仔細審閱員工的簡歷，看看是否有適合於通用電氣

未來發展的高級管理人才。這種內部尋找「千里馬」的方式，既為通用的人才提供了良好的發展平臺，也有效地保證了通用電氣公司的人才流失率一直都維持在 8% 以下。具體到我們的人力資源管理中，也要學會在企業內部尋找「千里馬」，千萬別犯打著燈籠在外招才，而讓企業內部的「千里馬駢死於槽櫪之間」的低級錯誤。

　　對於留才來講，能否提供具有競爭力的薪酬是一個無法回避的問題，薪酬就如同高樓大廈的根基。若是這個根基缺乏穩固性，那其他的諸多留才策略只能是空中樓閣，可望而不可及。翰威特諮詢公司曾對不同行業做了一次調查，研究顯示，薪金仍然是留住人才的第一要素。給人才具有競爭力的薪酬，從某種意義上講，既是滿足人才基本物質需求的需要，同時也是對人才價值在物質層面的認可，這無形之中將會增強人才的榮譽感和企業的歸屬感。至於什麼樣的薪酬才能稱之為具有競爭力的薪酬，企業可從以下兩個方向來解釋競爭力：第一就是與其他企業同行同類職位的橫向比較，審視企業的薪酬所處的層次；第二就是在企業內部進行縱向薪酬比較，審視企業關鍵人才的薪酬是否在企業內部同樣處於關鍵位置。正所謂好馬配好鞍餵好草才能跑得快，對於關鍵性人才給予「關鍵性」薪酬不僅是一種顯性的價值回報，更是一種隱性的鞭策。

　　駿馬能歷險，耕田不如牛；堅車能載重，渡河不如舟。實踐證明，解放思想放開眼界，人才其實就在我們面前。看人才不僅要看品德、能力，更要看業績；看人才不能只唯學歷和資歷，更應把實踐作為衡量人才的根本標準，作為發現和識別人才的根本途徑。吸引人才、留住人才、用好人才，不僅要靠感情、待遇；更重要的是靠事業、靠良好的用人環境。既要給人才提供優厚的待遇，為人才創造良好的環境，更要為他們提供施展才華的舞臺。

用大才需耐心

一個高明的管理者，不僅應該細心研究自己及周圍人員的性格特點、工作作風以及心理狀態，更應做到因地制宜、對症下藥，這樣工作起來才能得心應手、事半功倍。能夠看透他人是一種挑戰，能夠有耐心把大才用到頂級水準更是難上加難。豐田汽車給我們提供了用好人才的一個經驗，那就是要有耐心。

1935 年，豐田公司剛剛起步。但是，車造出來之後，卻賣不出去。當時身為公司社長的豐田喜一郎非常著急，他希望能立即找到一位有才能的推銷人員。正在這時，他偶然認識了懂得多國語言、有國際商務經驗，但又野心勃勃的神谷正太郎。兩人一見面便談得很投機。豐田喜一郎向神谷說：「汽車業是一個非常有前途的行業。我們有很多技術人員在製造方面還可以，然而卻沒有人懂得汽車銷售方面的事。神谷君，如果你肯到我的公司來的話，銷售方面的事就完全交給你了。」

第二天，神谷便參觀了豐田汽車製造公司，參觀之後，雄心勃勃的神谷正太郎便下決心做這個汽車銷售工作，並把已經在國外汽車銷售公司做汽車銷售工作的加藤誠之和花崎鹿之也拉過來。這樣，三個人外加一個女辦事員，便開始了豐田汽車的銷售工作。從這個基礎起步，逐漸把豐田汽車推向了全國，也推向了世界。1950 年，豐田汽車銷售公司成立，由於當時法律的限制，銷售公司必須是獨立的。這樣，神谷以其獨有的才能和手腕，籌資八千萬日元，成立這個銷售公司。正因為如此，神谷也把自己當做豐田的創始人之一來看。

成立獨立的銷售公司，豐田家族的人是非常不滿的，因為這等於

是製造了一種產、銷分離的運營體制。所以從成立之日起，豐田喜一郎和豐田英二就打算著要把這兩個公司合併。其實豐田家族為了將來能夠合併，在成立銷售公司時，就鑽了法律的漏洞，在八千萬註冊資金中也注有製造公司給的錢。所以在豐田汽車製造公司看來，銷售公司是豐田的子公司。

神谷有其獨特的銷售才能和資本。二戰期間，神谷曾擔任日本汽車配給公司常務理事。而豐田喜一郎在戰爭期間就預料到戰爭會失敗，所以很早就著手實施戰爭結束後的工作。神谷在這方面的對策也一步步地成熟。戰後，神谷以他特有的手腕，在很短的時間內，便迅速地把戰時日本汽車配給公司的主要業務都統一歸到豐田的銷售網中。正是這一點，使當時起步已晚的豐田汽車公司獲得了極大的利益。神谷的先見之明是一般人遠不能及的，並且他已預見到了戰後必將是一個自由競爭的時代。他立求依託豐田而建立獨立的銷售公司。所以豐田汽車和神谷之間是因利益而不可分離了。

神谷有他自己的一套相當成熟的銷售哲學，這就是「消費者第一、經銷商第二、製造商第三」。神谷認為有需求者，才有製造者，所以實業以銷售為先鋒。在神谷的主持下，豐田汽車銷售公司推行了一系列開拓市場、贏得消費者的措施。神谷還認為，不僅製造應該先行投資，銷售也應該先行投資。這是基於這樣的認識：市場不是本來就有的，是創造出來的。而要創造出市場，就必須進行先行投資。正是由此，神谷主持建立了日本第一個正規化的舊車整修後再低價出售的舊車市場。這是為汽車業打開銷路的有力招數。

在管理豐田汽車銷售公司時，神谷同時還把他對整個汽車時代和都市社會的見解帶進行銷之中。他把行銷活動與改變汽車社會的整體環境結合起來，因而促成了豐田的繁榮，這更表明了神谷作為一個銷

跳槽危機
要與他並肩殺伐,或看他叛逃敵方?

售商的非凡才能。神谷在豐田的發展史上,扮演了極其重要的角色。甚至可以說,如果沒有他,或許就不會有「世界的豐田」。不僅如此,他還追求建立理想的汽車社會的宏偉目標。

在神谷的經營下,豐田的銷售事業從二十世紀五十年代開始大發展,並建立起健全的國內銷售網,到六七十年代,開始向國外發展,並且成功地避開了美國和歐洲汽車業的鋒芒,在國際汽車業中占有了一席之地。應該說,在豐田汽車神話般的發展史上,石田退三和神谷正太郎的苦心經營是非常關鍵的,而這兩個人都是豐田家族的「外人」。豐田家族對這兩個人的任用,有著相當的差異。對石田的任用是全盤的信任,而且決不在背後牽制;對神谷的任用則在充分信任的基礎上充滿了耐心,一方面是神谷的銷售才能,使豐田公司不得不用他,但是同時又對神谷堅持銷售公司獨立有著意見分歧。

豐田公司從二十世紀五十年代起,就對神谷的這種見解抱著理解和忍耐的態度。所以六十年代繼任汽車製造公司社長的豐田英二很早就有將產銷合併的打算,但是因為銷售公司是由素稱「銷售之神」的神谷建立起來的,他只好對自己的想法存而不論。直到 1975 年,神谷因健康原因而辭任銷售公司社長一職,由加藤誠之接替社長後,才開始逐漸實現合併的計畫。

這種忍耐和等待時機,是用好人才的一種有效的手段。如果過早地要求合併,必然與神谷這樣的人分裂,那樣會給整個公司的事業帶來非常大的損失。而等到神谷充分地發揮他的作用,到了退位時才來提這件事,卻是一個恰當的方法。正因為豐田英二在合併事宜上對神谷的這種忍耐的態度,豐田英二也被稱之為「堅忍卓越的經營者」。他是小心翼翼的戰略家,也是一個懂得等待的經營者。在用人之道中,忍耐地對待一個有獨立精神的大才,是必須的。

用大才需耐心

「小不忍則亂大謀」，忍的最緊要處就是要忍得住，所以忍就是要有一種寬大的胸襟與器量。它以退為進，並以此預示後來的成敗，這也就成了弱者與強者的一種區別。所以忍絕不意味著只咽氣不吐出來。所謂吐出來，如越王勾踐那樣，是一種吐法；當然平常人忍一時之氣，則常常是要時間和事實來做回答，這也是一種吐法。總之，要做到忍得下，看得透，就要宰相肚裡能撐船。可以講講曹操對禰衡的態度，這故事叫「擊鼓罵曹」。禰衡罵曹操，以及他所有對曹操的做法，乃至對東漢末年各地軍閥的看法，有他的道理，禰衡的人品、才能在當時都是第一流的。但曹操面對禰衡放肆的羞辱，為了顧全大局，把所有的氣都咽下去了，也確實表現了宰相肚裡能撐船的雅量。

當時的情景，兩人較勁的起因其實很簡單。曹操請禰衡，其實想讓他做個軍務秘書長，動機很好。但請人家來不請人家坐，就傷害了禰衡。接著禰衡就挖苦曹操手下無能人，並自誇才能。曹操大權在握，就要禰衡給他擊鼓，以此羞辱禰衡。禰衡也不拒絕，擊鼓應換新衣，按規定儀式進行，可禰衡只穿隨身衣服。儘管這樣，禰衡到底是才子，他擊了一曲，讓在座的人都感動得掉淚。曹操手下人則堅持要禰衡換衣，禰衡卻乾脆裸體擊鼓，以此辱罵曹操是國賊。此時一片喊殺聲，但曹操卻很冷靜，他容忍了禰衡，他不能因殺一個手無寸鐵的禰衡，背上忌才害賢的罪名，使天下人才對他望而卻步。

如果說這時曹操明智，倒不如說他度量大。他派了一個差事給禰衡，去勸說荊州劉表投降，並派他手下重要謀士給禰衡送行。這一系列的事情曹操都做得很好。事實上，無論何種人物，為人做事胸襟寬闊都是必要的，而對於管理者尤其如此。

合眾若水

　　放眼望去，那麼多人，有沒有人才呢？怎樣讓人才聚合到你這邊來？怎樣把你身邊的人變成人才？這首先是關於人才的意識問題。企業管理的基本規則，就是聚合更多的優秀人才。

　　劉邦經常滿口粗話，對儒生也不是很客氣，甚至把儒生的帽子當尿壺。這樣的人，憑什麼把那麼多人才聚在一起呢？比如，張良這個人很有才氣，而且很有個性。當年在博浪沙刺殺秦始皇就是他一手策劃的。一般人若想把張良留在身邊，可不是件容易的事。又如，武將有韓信，韓信這個人非常狂傲。據《史記‧淮陰侯列傳》記載，當年劉邦經常和韓信討論每個將軍帶兵的能力，有一次劉邦問韓信：「像我這樣的人能帶多少兵啊？」韓信很坦率地說：「能帶十萬就不錯了。」劉邦又問韓信：「那要讓你帶兵呢？」韓信說：「我帶兵是越多越好。」由此可見其狂傲程度。像這樣的人，劉邦靠什麼把他收服到身邊，讓他為自己賣命呢？

　　靠他的個人魅力嗎？劉邦恰恰似乎有點缺少人們希望看到的領導魅力，如語言的魅力、長相的魅力、行為舉止的魅力等都是一塌糊塗。那他是靠什麼呢？如果你讀一下劉邦傳記或者跟他有關的資料，你會發現有這麼一些細節：不管是劉邦身邊的人，還是劉邦手下的人，每個人都很快樂，大家都覺得劉邦這個人有親和力。親和力來自什麼地方呢？文人喜歡被欣賞，希望自我價值能實現，劉邦無論對小文人還是大文豪，都能夠欣賞，都說他們有才；武將也覺得自己能夠受劉邦重用。儘管劉邦的個人能力不是很出色，但是他有親和力，捨得封賞，懂得培養人，培養了很多中層和基層的將領。無論是韓信還是張良，

不管是賣肉的還是趕車的，都能團結在自己身邊，成為大集團裡的英雄人物，中流砥柱。可見一個領袖自己的具體能力大小是其次，最重要的是他要會培養中層主管和基層員工。而這個培養人才的過程也就是聚攏人才的過程。

老子在《道德經》裡一直強調要「上善若水」。只有像水那樣，善利萬物而不爭，管理者才能留住人才。就是說，水讓萬物都成長，萬物離開水活不了。水就這樣一直從上往下流，一直向大海奔騰而去，不管是小溪還是大河，大海都能容納。他說：「居善地，心善淵，與善仁，言善信，政善治，事善能，動善時。夫唯不爭，故無尤。」意思就是說，我所住的地方，是有善的地方，大家都可以來的地方；我的心像淵一樣，很深，我可以接納一切；我可以和任何人打交道；我說話很誠信；做善事；動取之於時，看起來不爭，讓大家都覺得它沒有敵人。因為不爭就沒有敵人，最後也沒什麼危險。只有這樣，主管才能真正成就合眾若水的大將風格。

劉秀常常教誨臣下說：「《黃石公記》中說，柔能克剛，弱能制勝。」劉秀非常能忍耐，有其祖劉邦之風度。劉秀未稱帝前跟從的領袖是更始帝劉玄，當劉玄把他哥哥劉演殺掉的時候，劉秀硬生生地忍下了仇恨，忍耐、等待。劉秀的哥哥劉演能力比較強，而且一直以是劉邦後代為榮，以振興漢室江山為自己的使命，鋒芒太露，被劉玄殺了。劉演死後，劉玄還讓劉秀來到身邊，也就是試探和監控他。劉秀忍住悲痛到劉玄那兒去了。結果，劉秀慢慢解除了劉玄對他的猜疑，終於被放到河北去發展，成就了中興帝業。

劉備也是很能忍的。他本來在徐州，呂布被打敗以後，來投奔他。劉備就把呂布收留了。後來劉備打仗的時候，呂布調頭就把徐州給占了，這是什麼樣的仇恨啊。後來劉備打敗仗以後，被呂布安排到小沛

跳槽危機
要與他並肩殺伐，或看他叛逃敵方？

屯軍，替呂布看守北大門，劉備也接受了。這是多麼屈辱的行為啊，但是劉備心平氣和地執行了。所以，最後呂布沒有成功而劉備成功了，三分天下有其一。

　　心寬如海，方能人才雲集領袖如海。這句話來源於海納百川。海為什麼能納百川？有人說，那是因為海大，但這只是結果，納了百川以後海才變大。因為海平面低，所以它能容納百川，而且不管是受到污染的河流，還是沒受到污染的河流，它都張開懷抱接納。如果只要那些很純淨的河流，只要那些沒有污染的河流，只要那些水質比較好的河流，那麼大海早就枯竭了。

　　劉邦更像大海，無論什麼類型的人才，不論是盜嫂的陳平，曾受胯下之辱的韓信，甚至車夫，屠夫，他都不在乎，只要有才、肯來就行。他的姿態一直很低，很包容。而項羽給人什麼感覺呢？他身材高大、能力超強，你站在他身邊是什麼感覺？他是超人，他對你而言就是一座高不可攀的山峰。而你是什麼呢？你是超人身邊的陪襯，你對於他來說太微不足道了。你在他面前感到恐懼，感到自己的弱小，感到他根本就不需要你，而且對你構成壓力。而劉邦就不一樣了，你到劉邦身邊，就有安全感，感到劉邦待人寬厚，信任你，重用你，給你機會，給你權力，讓你能實現自己的人生價值。甚至像雍齒這樣諷刺過劉邦的人，劉邦都能封他為什邡肅侯。雍齒雖然是劉邦的同鄉，但此人非常卑鄙，不斷地陷害劉邦，還幫助項羽謀害過劉邦性命，項羽有一次要殺劉邦的父親也是他出的主意。他經常諷刺劉邦，說劉邦不讀書，不懂這個不懂那個，但劉邦最終都容忍了。

　　心寬如海，海納百川，若水和眾，像水一樣把大家融合起來。如果大海挑三揀四，那麼海水早就枯竭了，什麼水都要，才叫海納百川。因此管理者要用人之長首先要容人之短，因為任何人才都有短處。人

是永遠有缺陷的，關鍵在於怎麼把他容納進來，怎麼變成自己的人才。
所以叫做合眾若水，像水一樣，才能把人才聚合進來。

管理者應是個有德行的人

　　身為管理者，一舉一動都會影響員工的士氣與工作情緒，所以管理者更應是個有德行的人，這樣才能使員工心服口服，心甘情願地接受領導。管理者必須是個能為員工著想的人，如果管理者僅有能力卻沒有德行，那他的成功必定無法長久，所策劃的工作也很難得到員工的支持。

　　有些管理者臉皮薄，向老闆學習是能做到的，但向員工學習往往就拉不下臉，覺得自己是主管，主管怎麼能向員工學習呢？所以張不開嘴彎不下腰。其實，向員工學習沒什麼不好意思的，一個人不管你的資歷多深，學歷多高，見識多廣，職位多高，你終究還是可能會有好多的東西不知、不懂、不會，所以就有了「活到老學到老」的經典俗語。不恥下問是一個謙虛的人所具備的優良品質。向所有人學習，只要他有可學之處，而他的可學之處恰恰是自己所不知、不懂或不會的，不管他是你的上級還是同事還是員工，你都應該謙虛主動去請教去學習。而且並不會因為你向他們謙虛請教而降低你在他們心目中的形象。

　　相反，因為你的謙虛，你的形象只能會在他們的心目中更加高大。謙虛的人在任何時候任何地方都是受人歡迎、受人尊重的。那些總是自我感覺良好，覺得自己無所不知、無所不會、無所不能的人往往是招人討厭的人。最讓人不能容忍、讓人看不起的人是那些自欺欺人不懂裝懂的人。

　　管理者開展每一項工作，執行每一項任務，團隊中的每一個員工都是一個「零件」或「螺絲釘」，工作能不能順利開展，任務能不能

圓滿完成，每一個員工都發揮著至關重要的作用。所以，在一個決定下達之前，一項工作開展之前，一項任務執行之前，充分發揚一下民主，徵求大家的意見，千萬不要忽略集體中的每一個員工，給每一個員工說話的機會是必要的，是明智的。「三人行必有我師」，集思廣益，或許就會有更好的想法，更科學的意見，更高效的做法出來。

　　管理者應具備的德行大致包含了以下幾種：不斤斤計較個人得失，大事講原則、小事講風格，求大同、存小異，互諒互讓；能認真聽取和善於採納各種不同的意見，不因員工與自己的看法不同，就排斥或否定不同的聲音；不徇私情，不計較個人恩怨，不依個人好惡判斷員工；能原諒員工的過錯，並真心說明他們改正錯誤；寬宏大量、寬厚容人，不落井下石、幸災樂禍……簡而言之，管理者就是要處處為員工著想、要以大局為重。例如戰國時代的名將吳起，就是個不錯的典範。

　　吳起是中國歷史上的一位名將，他除了驍勇善戰以外，最為眾人欽佩的是，他總與士兵同甘共苦。例如他總是和士兵穿一樣的衣服，吃一樣的食物，睡覺時不鋪席，行軍時不乘車，並會主動分擔士兵的苦惱。有一次，一位士兵在陣前因為生了腫瘤而痛苦不堪，吳起見狀毫不猶豫地用口將士兵腫瘤內的膿汁吸出，那位士兵和在場的人都感動不已。但後來，那位士兵的母親聽到這個消息後，卻放聲痛哭，旁邊的人覺得很奇怪，就問她：「你的兒子只不過是一個小小的士兵，卻蒙吳將軍親自將他身上的膿汁吸出來，你應該高興才對啊，為什麼反而那麼傷心呢？」她回答：「先夫早年也曾蒙吳將軍不棄，吸出他腫瘤裡的膿汁，從此他追隨吳將軍四處征戰，以此報答吳將軍的大恩，最後死在戰場上。如今，吳將軍又為我兒子吸出膿汁，這不是說明我兒子將步他父親的後塵，為吳將軍賣命嗎？這怎能不讓我傷心呢？」

　　由此可見，吳起的行為對士兵產生了多大的影響。同理，如果一

跳槽危機
要與他並肩殺伐，或看他叛逃敵方？

位管理者能與員工同甘共苦，處處為員工著想，那還怕員工不忠誠、不為自己「賣命」嗎？古人曾說：「卑讓，德之甚。」所謂卑讓，是壓低自己去屈就對方，這便是「德」的根本。劉備所具備的德就是這種卑讓的態度。

在《三國演義》中，劉備的德行極佳。不過，若從個人能力來講，劉備卻遠不及曹操，既然如此，曹操為什麼會將能力遠不如自己的劉備視為最強的對手，說「天下英雄唯使君與操爾」呢？根本原因在於劉備擁有一個足以彌補個人能力不足的秘密武器，這個秘密武器正是他所具備的德行。譬如在「三顧茅廬」這個故事中，劉備為了請諸葛亮出山幫助他，不惜三次親自到諸葛亮的茅屋去拜訪他，將卑讓的德行發揮得淋漓盡致。事實上，兩個人當時的地位相差懸殊，劉備雖然在爭霸的過程中不太順利，但依舊頗有名望，況且他當時已年近五旬，孔明卻只是個二十多歲的無名小卒。然而，劉備仍舊以最崇敬的態度請孔明當他的軍師，並在孔明應允後，又馬上將制訂全部作戰計畫等國家大事都委任給孔明。這種信任與大度，正是孔明願意為劉備「鞠躬盡瘁，死而後已」的原因。

如果管理者愛自己的員工如同愛自己的親人一樣，那會是什麼樣的結果呢？你敬我一尺我敬你一丈，員工也一定會被深深地感動，和管理者一道把工作當做自己的事業來做，而不會總是在心裡盤算著付出與收入的對比。「以個人利益為中心」和「以團隊利益為中心」，這是兩種不同的工作態度，從管理成本的角度，後者能大大降低摩擦成本。管理者究竟應該怎樣去愛自己的員工呢？首先應該有一定的操守和德行，只有這樣，才可能不挾私心，無保留地去關愛自己的員工。

在現今社會中，一般人大多重視能力有多強、能帶來多少利益，卻忽略了德行的重要性。其實，「德」才是一個人成功的根本。尤其

是身為管理者，一舉一動都會影響員工的士氣與工作情緒，所以更應是個有德行的人，這樣才能使員工心服口服，心甘情願地接受領導。

有效避免員工的流失

　　任何一個企業，人都被認為是興業之本，有了人就有了競爭的資本。但是隨之而來的可能卻是企業不斷地遭遇到大量員工頻繁跳槽所帶來的尷尬和困擾。

　　基層員工嚴重短缺是不爭的事實。然而，怎樣才能有效地避免員工的大量流失呢？首先，企業要想留住員工的人，就必須要留住他們的心。員工的能力提高了，或者你發現新加入的員工能力非常出色，你願意給他機會培養他嗎？當你脫口而出「沒問題，應該為公司培養更多的優秀員工」的時候，是否想過，如果今後該員工可能威脅到你的位置，你還會一如既往地表示贊同嗎？要解決這個問題，一方面要調整管理者自己的思想觀念，要從企業的整體利益出發，讓有能力的人承擔更多的工作與責任；另一方面，企業可以採取一些制度來鼓勵這種培養員工的行為。這是從機制上解決企業內部協調的問題。

　　有些公司有這樣不成文的規定，一個管理者沒有從自己的部門中培養出能接替自己工作的後備人才，他就不會有機會晉升。這種不成文的規定，既能夠解決管理者因為自己的私心不願意提拔優秀員工的問題，又幫助企業從實際操作上解決了後備人才計畫和存儲的問題，一舉兩得。實行了這種規定，會給各級管理者帶來一定的壓力，把培養優秀人才當做是自己的一項日常工作，而不是不甘心不情願地去完成這項任務。同時它也給各級管理者一定的保障，讓他們自己也能從選拔優秀人才的過程中獲益，而不僅僅是只為企業做嫁衣。雙方結合，才能產生更好的效果。

　　但有些企業由於擔心員工的流失，便強制性製造一些留人之門檻，

如什麼離職交接期、旋轉門條款等。更有甚者將企業承擔的費用攤派給員工，左扣右罰，這樣一來，只有弄巧成拙。我們經常聽到一些員工抱怨：「薪資太低、做得不開心。」或許，從企業的角度來看，只要是能給員工提供一個就業的機會和舒適的工作環境與良好的生活設施，員工就會安安心心工作下去。其實不然，大部分的企業員工首先考慮的是他們的切身「利益」；就是能否多掙一些錢的問題，至於其他的倒可以退而求其次。所以企業只有在員工的切身利益上做到實事求是和合情合理，才能讓員工覺得心情愉快，這樣才能從根本上調動員工的工作積極性。

　　一個讓管理者頭痛的問題是：如果員工能力不夠，該怎麼辦？特別是對於實施「末位淘汰法」的企業，該如何處理那些在評估中一直處於末位的員工？「末位淘汰法」並不適合所有的企業，必須有與之相適應的企業文化做支持。開除那些能力不夠的員工並不能保證留下來的人提高業績，而新人也需要一個熟練的過程。而且，並不是所有的新員工都能適應企業的文化。那麼企業應該怎樣對待工作能力比較差的員工呢？首先，企業要給予這些員工相關的培訓，幫助他們提高能力，以便他們能夠很好地完成工作。其次，如果員工實在無法勝任本部門的工作，可以與他多做溝通，發現他的長處，然後再觀察企業內部是否有合適的職位能讓他發揮自己的特長，這類員工的優勢在於他們比較了解企業內部的各種情況，在新的職位上不需要太長的時間去適應新的工作和人際關係，降低磨合成本。最後，如果企業不想採取以上方法，那麼在解雇員工的時候一定要注意對其他員工的影響。不要讓員工覺得開除是企業解決問題的慣用方法，這樣會給員工帶來負面影響，增加大家的壓力。

　　企業在滿足員工物質需求的同時，還應最大限度地滿足員工的精

跳槽危機
要與他並肩殺伐，或看他叛逃敵方？

神需求。很多有理想、有抱負、有上進心的員工在安於工作現狀的同時，還希望企業能夠為他們提供一個讓其充分展現聰明才智的舞臺和天地，所以這時，企業就需要為他們營造一個良好的發展環境和空間，建立和健全各種規章制度，並對一些有突出表現和貢獻的員工採取各種有效的激勵辦法，例如物質上的獎勵或晉升的機會等，使他們能夠感受到自身的價值已經被企業所認可，從而進一步增強他們的工作熱情和自信心。同時，對一些表現不佳的員工也要適當地處罰，讓他們「吃一塹，長一智」，並從中吸取一些經驗和教訓，不斷地提升自我，更好地為企業服務。

管理者如何教員工做事情？當員工在工作中遇到問題尋求管理者幫助時，有些管理者就會手把手教他們怎麼去完成工作。長此以往，會養成員工對管理者的依賴性，管理者則會把很多時間浪費在具體操作上，長此以往，還會對員工的工作能力產生懷疑；對員工來說，也沒能提高工作能力，由於工作沒有完成好，還會挨主管的批評。正確的做法又是什麼呢？出現這種狀況時，身為管理者，應該好好想一想，也許問題並不在員工身上。很多管理者喜歡直接告訴員工如何把事情做好，但這並不是一種很好的辦法，所謂「授之以魚，不如授之以漁」。否則一旦某些情景產生變化，哪怕前後問題根本沒有很大的區別，員工就又不知道怎麼去解決問題了。幫助員工解決問題不如教會員工處理類似問題的方法，讓員工自己去思考，要相信員工的學習能力。以後遇到類似情況時，員工就知道該怎樣去思考去解決了。

另外，在企業管理中，管理者對員工的人文關懷也是必不可少的。這需要管理者多尊重、多理解和多關愛員工，對他們以誠相待，關心和幫助他們，讓他們切實感受到企業大家庭的溫暖，在潛移默化中不斷增強員工自身的工作責任心，以企為家，以企為榮，把企業的各項

工作真正做好。俗話說：精誠所至，金石為開。企業只有不斷提升自
身形象，形成一種獨特文化氛圍，才能增強企業員工的凝聚力和向心
力，並有效地避免員工不正常流失現象的發生。

留住人才的關鍵

　　員工的流失對其他在職人員的情緒及工作態度會產生消極的影響，也會影響到工作的積極性。一般來講，在離職之前半年，工作效率已經下降了。其離職的原因會對其他的同事產生影響，以致使同事的產生懈怠。員工流失會使企業不得已推遲或取消既定的可給企業帶來巨大收益的發展戰略，從而使企業的預期收入蒙受損失。幾乎所有公司的招聘、培訓、解聘等費用都屬於人力資源部門的預算，與業務部門沒有直接的關係，造成絕大多數管理者對於本部門員工流動成本漠不關心。目前很少有企業在年度預算中包含完整的員工流動成本 (直接或者間接)，預算只包含招聘費用、員工離職經濟補償等部分的有形成本。目前在企業中還沒有專門就員工流動設立會計科目，與員工流動等相關的費用都是分攤在管理費用等其他科目中的，所以，員工流動成本正在不斷吞噬著企業的利潤，甚至影響到員工士氣和企業生產率，可以說是「企業利潤的無形殺手」。

　　在低收入的行業裡，員工的流失率最高。最初的少量的員工流動對企業來說，可能沒有多大影響。當員工流動發展到大面積的人才流失的時候，企業就有必要檢討自己的內部管理制度，對症下藥。因為員工流動暗藏著巨大的成本及其對公司利潤的損害，合理的員工流動會使企業處於活躍狀態，但流失比率過高，就會威脅企業的生存和發展。有些企業管理者不願意相信現有員工能夠透過培訓和開發達到企業發展的要求，不願意相信留住員工意味著節省成本、創造價值，卻相信新招聘的員工具有超凡能力等等。

　　企業管理者是企業的領頭羊、中堅份子，有信譽、有魅力，他們

會讓員工充滿信心，對企業的發展前景滿懷希望，從而願意在企業待下去。為了做到這一點，除了管理者表現出富有才幹、辦事高效外，有兩點值得強調：其一是管理者要有「言必信、行必果」的信譽，以個人的品德魅力吸引人才。其二是管理者樹立服務的意識，改變指揮、控制和利用人才的思維和行為，對員工盡可能地授權，給予必要的自主性，充分發揮他們的聰明才智。

　　一位跨國公司人力資源經理認為，找到合適的人對任何一個招聘企業都是挑戰。對於跨國公司而言，「尤其難找的人才是有經驗的、當地語系化的員工。只有具備這種素質的人才才能最好地幫助跨國公司儘快實現當地語系化的進程，而且也比較節省時間和其他各方面成本。但是這種人才不能完全依賴在外界的尋找，還有很重要的方式就是公司的內部培養。」這位人力資源經理一語道破了如今跨國公司所需人才的核心素質，「隨之而來的下一個挑戰，就是怎樣給這些人才創造平臺，讓他們去表現、去發揮。」

　　跨國公司每年都會向全球員工發放滿意度方面的調查問卷，這個問卷包含 12 個方面的內容，比如是否為現在的工作感到自豪，公司員工對主管的工作是否支援，公司客戶是否滿意本公司的服務和品質，公司的績效體系是否完整公平等。而最難了解和把握的是員工對自己薪酬的看法，而這個其實是公司最需要深入細緻了解的。公司透過不同的溝通方式來完成薪酬滿意度調查，比如對公司員工公佈整個市場的平均數據，把同行業其他公司的資料拿來與本公司進行比較，給員工提供一個參照物，從而讓員工清楚自己是在怎樣的市場環境中，又是處於什麼樣的位置。

　　在成熟的跨國公司內部，都會有完善的培訓體系。某跨國公司要求全球的近四萬名員工，每人每年接受培訓的時間不低於兩個工作日。

跳槽危機
要與他並肩殺伐，或看他叛逃敵方？

新加入大公司的員工往往會因為初來乍到時獲得的各種專業培訓而欣喜若狂，而同時他們也常常誤認為培訓結束後，就已經學到了足夠的專業知識。不乏這樣的例子：員工以「我覺得透過培訓，已經掌握了某某專業相關的知識」為理由，申請辭職。然而，需要明確的是，在工作中獲得知識才是真正有效的，絕對不是說公司不給你開某個培訓班你就沒東西可學了。人力資源經理說：「公司不是大學，不是說你學完了東西就可以走了，那是你工作的地方，不是給你培訓你就學到了東西，而應該是在工作過程中學到了什麼而令你以後有更大的發展，我們是希望你獲得一個令你增值的工作的機會。」其實，這一點更多是員工個人的問題，而不是公司的責任。因為員工缺乏對「工作」足夠的責任心，造成工作經歷的缺乏。缺乏經歷，又何談成功呢？人員流動是任何公司不可避免的現象，人走才不丟，看起來是很難的事，因為知識的管理就像資產的管理一樣，一個人走了以後，他的工作方法和思路也就帶走了，新來的人就要重新開始摸索。

波士頓諮詢公司的一份調查報告說：儘管薪金上的競爭非常重要，但是，如果高級職員認為在這家公司的工作經歷有助於他們的成長和自我推銷，他們會加入這一公司並留下來。沃爾瑪公司留住人才的關鍵是：確保有才能的雇員取得的成就被承認，即提供讓他們脫穎而出的機會；公司把自己的人力資源哲學從「得到、留住和培養」員工改為「留住、培養和得到」員工，把重點放在以賦予發展機會去穩定和培養公司現有的人才上，而不是簡單地得到或引進人才。

留住關鍵員工

　　一個企業的業績很大程度上取決於關鍵員工的表現，如何留住關鍵員工已經成為企業非常重要的管理問題。儘管企業採取了各種方法，但結果卻經常差強人意。究其原因，企業並不是真的清楚誰是關鍵員工。如果企業不能清楚地界定關鍵員工，那又怎麼管理呢？所以，我們還是先回到最基本的定義問題：誰是企業的關鍵員工呢？

　　儘管在這個定義上有各種各樣的說法，但不管怎樣，關鍵員工是能夠在離職後找到相同或相似工作的人。單是這一個條件還不充分，另外一個條件就是員工離開企業後，沒有人能夠在短時間內達到他的工作業績。考慮到這兩個方面，我們嘗試用以下兩個維度來界定關鍵員工：內部的可替代性和外部的可流動性。

　　一類員工占到企業內員工的多數，他們一般是從事通用技術的員工。當這類員工離職時，企業能夠迅速地找到替代人員。由於這類員工擁有的是一般性技能，因此他們也可以輕鬆地在外部尋找到工作機會。這類員工在企業內是大量存在的。例如，在台商在大陸珠三角地區，設有許多科技企業，他們雇用了大量的工人做一些低階工作。這些工人對企業的歸屬感很低，當他們掌握了必要的技能成為熟手後，他們隨時都有可能離開。當然，企業與他們也沒有簽訂什麼長期的勞動用工合約，通常採用的也是計件薪資系統。

　　員工流動性的高低是由外部市場決定的。如果一個人習得的技能是特定技能，不能與外部市場接軌，他就很難尋找到外部機會。例如，一個針織企業的工人，他掌握了一些有關針織的技術，但當地的針織企業只此一家。如果他不是選擇去外地發展，那麼他的流動性就大大

跳槽危機
要與他並肩殺伐，或看他叛逃敵方？

降低了。另外一個非常重要的影響流動性的因素是年齡。從大量的招聘海報來看，企業都希望招聘到年輕的員工，對於中年人而言，選擇的機會就大大降低了。此外，隨著年齡的增長，人們對於收入的要求自然會提高，這也使得他們在勞動力市場的競爭力下降。與此同時，這些人還要應付來自企業內部的年輕人的挑戰。他們掌握的技能在企業內部已經有了大量儲備，這使得他們又處在高替代性的窘境中。這類員工的管理也比較簡單，管理者只需要把情況說明，曉以利害，就可以使他們更加珍惜目前的工作機會。

具備低流動性特點的員工往往是掌握了企業的關鍵技術或重要資源，他們不能被輕易替代。但是這類員工所掌握的技能在勞動力市場也不具備普適性或需求不大，這些有著強烈企業背景的技能使他們不能輕鬆地應用到其他企業中。例如，有些高科技企業的工程師，他們掌握了尖端技術或尖端技術的一部分。他們離開企業就離開了體現這些技術價值的土壤。這類員工由於掌握了企業的核心知識，所以他們通常會表現得十分孤傲。但是當他們一旦離開這個他們認為不重要的企業時，他們又會變得十分脆弱。這種特點就要求管理者首先要尊重他們，給他們空間，調動他們的積極性，因為如果他們不認真投入，企業的損失可能也會很大，那就將導致一個兩敗俱傷的局面。但同時也要加強溝通，使他們能夠有正確的自我認識。

具備高流動性特點的員工是我們所謂的關鍵員工。他們掌握了關鍵技能或資源，這使得替代他們的可能性很小。更為麻煩的是，他們還具備高度的外部流動性。也就是說，他們的能力同樣能夠在另外的企業得到發揮，甚至是更好的發揮。外部勞動力市場提供的巨大機會使這類員工對於企業有著很強的討價還價能力，有些人甚至會以這種優勢來要脅企業，謀求更多的利益。

　　管理者應該把注意力放在這些低內部替代性高外部流動性的員工身上。如何留住這些關鍵員工呢？從我們所知道的方法來看，有年薪制、長期勞動合約、職位晉升等。而這些人一旦離開企業，企業就無法正常運轉，甚至會出現重大的危機，因此，企業使用各種方法來保有這些人。對應到前面模型所描述的，就是為了降低流動性。

　　心理學的適應原理告訴我們，無論是多高的薪水，多高的職位，人們都會適應。一旦人們開始適應，那些試圖產生激勵的方法就失去了作用。於是，企業又不得不提供更多的待遇和更高的職位，到頭來，這些方法只能提升企業的人力成本。而由此產生的企業內部的不公平還會為企業管理者帶來更大的痛苦和更難以調和的矛盾。

　　企業還可以透過增加關鍵員工的可替代性來實現。這種方法的根本就是使關鍵員工擁有的知識或技能能夠被企業內部更多的人掌握，這樣個體對企業的影響力就會降低。企業可以透過環境的營造使得關鍵知識具有企業特色，在企業內可以發揮作用，在其他企業則受到限制。所以，如果關鍵員工所擁有的知識有著明確的企業烙印，在一個企業中可以產生作用，在另外的企業中就無法發揮作用。當他們清楚地意識到這一點，他們就會知道如果離開企業就不能發揮作用，關鍵員工離開時將會非常慎重。

　　企業可以透過團隊學習的手段來把蘊藏在員工個體身上的知識和技能轉化為企業的知識或技能，並讓更多的員工去掌握。團隊學習可以由具有關鍵知識的員工來引領，把握學習進程，團隊成員可以相互學習。於是，原先由一個人壟斷性地掌握的某種知識或技能就轉變為由一組人來共同掌握。事實上，員工在知識共用方面是不情願的，因為獨立的、壟斷的擁有知識或技能對員工個體是有利的。對那些願意共用知識或技能的員工，企業要給予獎勵。這種獎勵不單單是物質的，

還包括其他人的知識等。透過這種方法，關鍵員工知道那些用來討價還價的資本已經被大多數人掌握，談判的優勢已經蕩然無存，關鍵員工的穩定性反而能夠增強。

拿什麼來留住員工的心

　　當年，周文王被商紂王放回來之後，在渭水邊上碰到了一個老人，正在茅草叢裡釣魚。那位老人的魚竿沒鉤，就一根線直直地垂下去，周文王覺得很奇怪，就問：「老先生，這釣魚你沒鉤怎麼釣啊？」這個老人的回答就四個字：「願者上鉤。」周文王身邊很多隨從都覺得這老頭是個神經病，但周文王覺得他和別人不一樣。周文王問：「為什麼‘願者上鉤啊？’為什麼你不釣它，它就會上來呢？」

　　老者說：「釣魚方法就和選人才一樣，不是說你只有拿個彎鉤才能釣得著。直鉤一樣可以把人才釣過來，甚至可以讓人主動來，你不用釣人家就來了。」這位老者就是姜子牙。周文王一聽，這老人語出不凡啊，就虛心地問：「那具體怎麼讓人來呢？」姜子牙說：「那些有遠大志向的王者要想吸引人才，本身就要有創造性，具備能夠潛移默化地感動人心的方法和技巧。只要把人心感動了，學會和懂得用這種悄悄的、讓人看不到的恩惠，就能把人心征服，這樣你就會獲得更大的成功。天下其實並非一人之天下，你不要以為你是個侯爵，以為你將來要成為大王，你就認為天下是你自己的了。這天下決不是一個人的天下，而應當是天下人共同擁有的天下。如果你能夠讓天下人共用天下的利益，那麼你就能得到天下。如果你不能做到共用，僅僅自己獨霸天下的利益，那麼你早晚會失去天下的。」

　　姜子牙對周文王說：「只有讓天下人都能夠得到利益，你實行的才算是真正的王道；只有讓全天下的人都得到利益，你才能夠稱王而擁有天下。」姜子牙這番話實際上既是對商王朝淪落的一個總結，同時也是對周文王的一個提醒：你不要認為你奪了江山就行了，那不是

跳槽危機
要與他並肩殺伐，或看他叛逃敵方？

天下，人心才是天下。姜子牙這番話使得周文王一下子就明白了什麼才是真正的江山，還用什麼釣竿、魚鉤幹嘛呀？你的恩惠都是悄悄的，潤物細無聲，給了別人很多、很多。然後這些人不就主動來了嗎？那就不用釣了，所以就叫「願者上鉤」，因為你得人心，所以人們自己就願意來。

作為管理者，如果你不以給予和人心為關注目標，當然就得不到人心，得不到天下，因為你根本就沒有付出、沒有去關注。如果你只是口頭說想得到天下卻不捨得給予和付出，那你能夠得到什麼呢？肯定什麼也得不到。所以你關注什麼，你才能得到什麼！優秀的管理者都明白給予和分享這個古老的心理學原則，古代那些軍隊的將領們也很清楚。戰國時代的吳起將軍就懂得和最底層的士卒同衣同食、同甘共苦。他睡覺時不鋪席子，行軍時不騎馬坐車，親自背乾糧，和士卒共擔勞苦。他親自給士兵吸膿汁，又為其包紮，這就叫「將心比心」。看著將軍俯下身來把士兵的膿汁吸乾淨，士兵打起仗來能不賣力嗎？你對我尊重，我為你效命。你如此厚待於我，那我對你怎麼樣，受人滴水之恩當以湧泉相報。你得到別人的奉獻是因為你先給予並付出了，如果你不付出給別人，你就無法得到！

當年，荊軻為什麼要去刺秦王？那是因為燕太子丹對他有知遇之恩，「士為知己者死」。太子丹把荊軻收在門下當上賓，把自己的車馬給荊軻坐，自己的飯食、衣服讓荊軻一起享用。太子丹對他是太好了，養他的時間太長了，要什麼給什麼。一直在那兒養著，什麼都沒說，最後把荊軻都養急了。荊軻也明白，人家肯定不會在這兒白養著自己的。最後還是荊軻主動跟太子丹說：「你看讓我幹什麼吧？現在你讓我幹什麼，我都幹了。你讓我死，我馬上自殺都行。」這個時候，燕太子丹才說，你去幫我刺殺秦王，那時候儘管荊軻知道此去是必死

無疑，但是他也知道這件事他必須做，死也得去做。為什麼？他要報
答燕太子丹，如果燕太子丹從來不給荊軻什麼恩惠，隨便找個人說，
你幫我殺秦王去吧，誰能去做呢？

　　甘居人後的人未必真的居於人後，不考慮自己生死的人未必會死。
只有懂得多給予和付出的管理者，才能真正得到員工的愛戴和效命。
懂得給予和付出的管理者古今中外皆有，比如二戰時期美國著名將領
巴頓將軍，他有了戰功總是歸功於所有部下的官兵，不爭先搶功勞。
打仗的時候，他自己總是身先士卒，置個人安危於不顧，因此，他的
部隊作戰勇敢，士兵都願意加入，他也被稱為「熱血豪膽的巴頓」，
而他領導的部隊是當時整個美軍中傷亡率最低的。

　　管理者只要多多地給予，就能在不知不覺中征服員工，自然而然
地擴大你的影響力。美國著名的企業家亨利·福特的生意經——管理者
首先要懂得和別人去共用，企業家更是這樣。亨利·福特很早就有一個
觀點：「你注意過沒有，凡是那些為賺大錢而工作的人，其實並沒有
賺到很多的錢。但是如果讓他以平常心開始，讓他做一些更好的東西，
而且價錢賣得比別人還低，如果讓他有這樣的決心，而且能夠全身心
地投入，全力以赴，那麼金錢就會滾滾而來。」

　　這是什麼意思？如果你眼睛只盯著金錢，實際上是賺不到金錢的。
但如果你眼睛盯著事情，那麼錢就會滾滾而來。企業管理者不妨多站
在員工的角度，想想他們的需求，在力所能及的範圍內，儘量去滿足
員工的需求，相信員工必定也能感受到企業的誠意。

電子書購買

爽讀 APP

國家圖書館出版品預行編目資料

團隊凝聚力，留住核心人才：跳槽危機！要與他
並肩殺伐，或看他叛逃敵方？/ 宋希玉 著 . -- 第
一版 . -- 臺北市：財經錢線文化事業有限公司，
2024.01
面； 公分
POD 版
ISBN 978-957-680-717-6(平裝)
1.CST: 人事管理 2.CST: 企業領導 3.CST: 組織管
理
494.3   112021399

團隊凝聚力，留住核心人才：跳槽危機！要與他並肩殺伐，或看他叛逃敵方？

臉書

作　　　者：宋希玉
發 行 人：黃振庭
出 版 者：財經錢線文化事業有限公司
發 行 者：財經錢線文化事業有限公司
E - m a i l：sonbookservice@gmail.com
粉 絲 頁：https://www.facebook.com/sonbookss/
網　　　址：https://sonbook.net/
地　　　址：台北市中正區重慶南路一段六十一號八樓 815 室
Rm. 815, 8F., No.61, Sec. 1, Chongqing S. Rd., Zhongzheng Dist., Taipei City 100,
Taiwan
電　　　話：(02) 2370-3310　　傳　　　真：(02) 2388-1990
印　　　刷：京峯數位服務有限公司
律師顧問：廣華律師事務所 張珮琦律師

定　　　價：350 元
發行日期：2024 年 01 月第一版
◎本書以 POD 印製